超越代码

[英] 克里斯·麦克纳布 著
（Chris McNab）
陈先贵 译

Bill Gates

The man who Co-Founded Microsoft

中国科学技术出版社
·北 京·

图书在版编目（CIP）数据

超越代码 / (英) 克里斯・麦克纳布 (Chris McNab) 著；陈先贵译 . -- 北京：中国科学技术出版社，2025. 9. -- ISBN 978-7-5236-1496-9

Ⅰ. TP3

中国国家版本馆 CIP 数据核字第 2025K173F8 号

策划编辑	何英娇　王碧玉	**责任编辑**	高雪静
封面设计	潜龙大有	**版式设计**	蚂蚁设计
责任校对	吕传新	**责任印制**	李晓霖

出　　版	中国科学技术出版社
发　　行	中国科学技术出版社有限公司
地　　址	北京市海淀区中关村南大街 16 号
邮　　编	100081
发行电话	010–62173865
传　　真	010–62173081
网　　址	http://www.cspbooks.com.cn

开　　本	880mm × 1230mm　1/32
字　　数	129 千字
印　　张	7
版　　次	2025 年 9 月第 1 版
印　　次	2025 年 9 月第 1 次印刷
印　　刷	大厂回族自治县彩虹印刷有限公司
书　　号	ISBN 978-7-5236-1496-9
定　　价	69.00 元

BILL GATES 前言

历史书中的人物都对人类有着不寻常的影响。他们从事的领域五花八门——政治、军事、宗教、医学、技术、探险、文学、艺术、哲学、建筑，等等。这些人都卓有成就，但是又很难定义他们的共同之处，简单说就是不能一概而论。

从企业家的生平传记就能看出，他们的个人情况和心理状态有着巨大的差异。有些商业大佬在成长过程中拥有财富和稳定的生活，有些却没有，而且他们在父母关系、学习成绩、恋爱关系、择业类型以及很多其他方面都有所不同，但他们又似乎有一个突出的共同特点，那就是他们在不同的奋斗领域都展示出强烈的成功欲，表现为压倒一切的工作热情，这种热情往往超过了人类的正常水平。他们能为了成功拼尽全力。这种对成功的病态追求并不总是美好的——历史上的名人从道德高尚者到道德败坏者均有，形形色色，不一而足。我们要知道，成就与和谐并不总是愉快的伙伴。

本书讲的是一位当代人物，他的成就可谓登峰造极，这个人就是比尔·盖茨（Bill Gates）。我这么说可不是阿谀奉承，也不是基于他的个人品质（当然个人品质也是评价标准的一部分），而是基于客观的影响力。自 20 世纪 80 年代初以来，几乎每个使用过或受益于计算机的人都接触过他的产品。因此，考虑到计算机在塑造现代世界方面所做的一切，比尔·盖茨的确对全球有着深远影响。

这里我们还需要再解释一下。毕竟，个人电脑并不是比尔·盖茨一个人发明的。他没有发明硬件、软件、操作系统、编程语言、图形用户界面、内存、磁盘、硬盘驱动器，也没有发明无数其他计算设备。但是，他成功地将计算机以不可思议的速度普及给大众。

比尔·盖茨与保罗·艾伦（Paul Allen）联合创办了世界上最成功的科技公司——微软公司。微软的成功历程是比尔·盖茨的个人史，大而言之，也是一部企业史，但是不管从哪个角度看，这都是一个令人震撼的故事。微软最初只是一家名不见经传而且胸无大志的小公司，最终却成长为史上极为富有、具有巨大社会影响力的公司之一，年收入最高时可达 2000 多亿美元，2021 年 6 月公司市值突破了 20 000 亿美元（且仍在攀升）。在 20 世纪 70 年代和 80 年代新兴的计算机市场上，面对众多强大的竞争对手（包括苹果公司这样的未来行业巨头），微软积极抢夺市场份额，先是在编程语言开发领域，之后是在操作系统领域，再后是在应用软件领域。

在争夺全球个人电脑市场主导地位的比赛中，微软于1985年推出的MS Windows操作系统鸣响了发令枪。在最初的艰难起步之后，比尔·盖茨和微软尝试完善这款产品，消除了许多错误，Windows在不断更新中受到瞩目，然后迅速被广泛采用并获得了巨大的商业成功。到2013年巅峰时期，MS Windows占有计算机桌面操作系统（Desk Operating System）90.96%的市场份额。在此基础上，微软开发出许多世界一流的应用软件，这些软件大多数在Windows和苹果电脑上都能运行，包括Word、Excel和PowerPoint，它们与MS Office中的其他办公软件捆绑在一起。20世纪90年代或21世纪初，如果让生活在这个星球上的任何一个使用电脑的人闭上眼睛冥想一下电脑界面，几乎可以肯定，他们脑海中都会浮现出微软产品的颜色、菜单、声音、图标和设置。微软在平价软件全球分销中扮演领导角色，实现了计算机的民众化，并推动了数字革命。

在此大好形势的基础上，微软进一步丰富产品并增强影响力。通过2001年11月推出的Xbox游戏机，微软成为游戏市场的核心玩家。微软曾一度是手机市场的竞争者，不过，正如我们所看到的那样，在手机硬件和移动操作系统方面的尝试是微软最大的失败。但是，微软的云计算平台Microsoft Azure却是当今世界上最大的数字服务平台之一。微软现在还是人工智能（Artificial Intelligence，AI）系统飞速发展背后的关键角色之一，最为突出的是，微软的必应（Bing）搜索引擎正在整合ChatGPT界面。

让我们停下来想想这一切意味着什么。截至2015年，世界上有超过20亿台电脑，其中绝大多数都在运行微软的Windows操作系统并使用其软件。现在，我们想一下这些软件能做的事——数据分析、记账、财务规划、流程设计、写信、收发电子邮件、记录维护、小说创作、信息整理、网络搜索、公共服务管理等，不胜枚举。但是如果把这些因素加在一起，我们有理由说，现代数字世界在很大程度上建立在微软的基础上。这个星球上几乎没有人的生活不受到微软产品的影响，至少会间接地受到影响。在2024年的今天，这么说仍不为过，尽管Windows的市场份额已降至73%左右。

微软的故事与比尔·盖茨密不可分，我们将在本书中探讨他个人和公司的发展历程。故事中会有一些争议，尤其是在关于他在多大程度上塑造了带有微软名字的软件和应用程序这一点上。有一个实验可以证明这种争议的存在。我们试一下在搜索引擎中输入“比尔·盖茨没发明过任何东西”这样的话，你还没输入完成，这句话就自动补全了，而且还会弹出很多很多对他的指责，把他的事业贬低为踩着其他富有创造力的人获得成功。

如果单纯从软件编码的角度来看微软，这个观点在一定程度上是正确的。比尔·盖茨并没有凭一己之力发明微软的产品，包括微软技术革新的基本要素。比如，BASIC 编程语言是 1963 年由约翰·乔治·凯梅尼（John George Kemeny）和托马斯·尤金·卡茨（Thomas Eugene Kurtz）在达特茅斯学院（Dartmouth College）发明的；图形用户界面（Graphical User Interface，GUI）是施乐公司（Xerox）发明的；MS-DOS（微软磁盘操作系统）源自西雅图电脑产品公司（Seattle Computer corPoration，SCP）的 86-DOS 系统，后者又衍生自数字研究公司（Digital Research）的 CP/M 系统；电脑鼠标是苹果（Apple）等公司发明的。即使是微软身份的象征——Windows，也曾卷入诉讼，苹果公司起诉微软侵犯了苹果电脑图形用户界面元素的版权。盖茨的头号竞争对手，已故的史蒂夫·乔布斯（Steve Jobs）也是一个同样了不起的人物，他曾非常直白地表示盖茨在微软的发展过程中没有发挥创造性作用。沃尔特·艾萨克森（Walter Isaacson）撰写的乔布斯传记中提到，乔布斯曾公开说：“比尔基本上是个没有想象力的人，他从来没有发明过任何东西，这就是为什么我认为他现在更适合做慈善，而不是做技术……他只是无耻地剽窃了别人的想法。”本书将在各章中对这一观点进行有力反驳。（接下来我们会发现，在乔布斯发表这番言论之前，他和盖茨之间已经有了相当多的历史纠葛。）没有比尔·盖茨——没有他的智慧、技术知识、近乎无限的精力、创业动力、数字愿景、坚定的竞争精神，以及许多其他因素，可能就不会有微软，或者即使有，也比现在的微软差得远。批评家们有时会过于关注种种发明行为，却忽略了日复一日的艰苦努力，可以说这才是最令人钦佩的——他举着发明创造的巨石不懈地向山上推，直至成功，他以强大的意志力和适应力来面对重重阻碍和对手的幸灾乐祸。

从这方面讲，盖茨可以说是同行中的佼佼者。他把微软打造成了世界上最具代表性的电脑公司，他的专注、雄心和智慧一直是个传奇。他曾一跃成为世界首富，并占据这个位置很多年。2024 年 1 月，本书撰写时，他在富豪榜上排名第八，前三名分别是埃隆·马斯克（Elon Musk）、伯纳德·阿尔诺（Bernard Arnault）和杰夫·贝佐斯（Jeff Bezos）。虽然盖茨于 2008 年退出了微软的日常管理并于 2020 年放弃了董事会的职位，但他的名字仍然刻在了微软的品牌上，不可磨灭。鉴于上文所述微软产品的巨大影响力，如果没有比尔·盖茨，我们几乎无法想象现代世界会是什么样子。

如今，盖茨的批评者们又有了新的视角。盖茨的财富、影响力、思想和地位吸引来了各种各样最疯狂的阴谋论，尤其是盖茨利用新冠病毒疫苗接种计划在全球数百万民众体内植入微型 5G 追踪器的说法。（这种说法的目的甚至不可理解，因为世界上大多数人自愿随身携带的手机才是更有效的个性化追踪器。）撇开这些狂热的说法不谈，我们必须承认，比尔·盖茨现在的影响力已经远远超出了微软本身，他在全球慈善领域的影响力超过了大多数亿万富豪。比尔及梅琳达·盖茨基金会（Bill & Melinda Gates Foundation，BMGF）[1]成立于 2000 年，截至 2021 年底，该基金会以发展补助金的形式已经捐出 655 亿美元，基金会大部分捐赠都是从比尔和梅琳达的个人财富中直接转账的。盖茨在 144 个国家及地区开展过工作，处理几个大洲之间各不相同的经济、健康和社会问题，未来，他作为改革者的成就很可能与他作为数字创业者的成就一样大。比尔·盖茨是一个复杂的、有争议的、杰出的人物，他与现代世界的关联不可否认。

部分关键术语

本书的很多内容都是在谈微软在个人电脑时代的崛起。因此，读者至少要对该行业的一些核心技术概念有一个基本

[1] 2025 年 1 月 16 日，该基金会正式更名为盖茨基金会。——编者注

的掌握，因为这些概念对于理解比尔·盖茨与计算机革命的关系很有必要。以下是部分关键概念，读者可以通过参考书目中的著作获得更多指导：

中央处理单元（Central Processing Unit，CPU）：又称中央处理器或微处理器，是计算机中的一个物理部件，它从软件程序或某个硬件中接收指令并促进其执行。

编译器：将一种编程语言的源代码翻译成机器代码、字节代码或其他编程语言的程序。从本质上讲，编译程序允许计算机在没有创建程序所需的软件的情况下运行程序。

图形用户界面（Graphical User Interface，GUI）：用户（通常借助于鼠标或键盘）通过与代表程序、菜单和其他功能的图标和其他视觉符号交互来触发计算机操作的一种交互界面。

解释器：实时读取、翻译和执行未编译的计算机程序的程序。

编程语言：开发人员用它来创建由计算机执行的指令，通常以软件程序或脚本的形式出现。

源代码：在计算机程序设计中，用于创建程序的代码或语言。

语法：从本质上讲，就是编程语言的“语法”，即关于编程语言如何书写、结构和拼写的一套规则。

BILL GATES
目录

BILL GATES

第一章
动力溯源

关于企业家的传记种类繁多，有一种是专门写“白手起家”的。这类传记中描写的人物是那些从最底层爬到最顶层的人，他们把自己从贫穷和逆境中解救出来，跨越了特权阶层在他们前进的道路上设置的无数障碍，凭着坚定的毅力攀登到事业的顶峰。这样的故事当然十分励志。但对公众来说，这些故事掩盖了一个事实，那就是贫穷和不利条件极大地增加了成功的难度。从很多方面来讲，这些故事只是证明了“幸存者偏差”的逻辑谬误，也就是在一个选拔过程中根据少数幸存下来的几个人就得出结论，而忽略了大多数人的中途失败，赢家实际上可能只是代表统计学上的异常值。

相反，对成功人士的研究似乎表明：童年和青年时期的稳定、良好的教养和富裕的家庭都会大大增加一个人未来取得成就的可能性。2018 年《华盛顿邮报》(*Washington Post*)上的一个大标题总结了一项新研究，说得言简意赅：“天生禀赋不如天生富贵。”但就比尔·盖茨而言，我们不妨把这个标题改为：“天生富贵加禀赋最好。”比尔·盖茨的童年生活条件很优越，而且他从小就展示出过人的素质和智力，这些无疑有利于他的成功。

家庭背景

比尔·盖茨来自一个自信的显赫家族。他的父亲是威廉·亨利·盖茨二世[1]（William Henry Gates Ⅱ，1925—2020），也被称为老比尔·盖茨，他在商界和法律界都很成功。年轻时的老比尔·盖茨曾于“二战”后期在美国陆军服役三年，1946年（“二战”结束后第一年）以中尉军衔退役，然后进入华盛顿大学（University of Washington）法学院学习。1950年老比尔·盖茨大学毕业，获得法学博士学位，开始在法律界崭露头角。1964年他与人合伙创立了席德勒·麦克布罗姆和盖茨律师事务所（Shidler McBroom & Gates）。1990年，这家公司改名为席德勒·麦克布罗姆·盖茨和卢卡斯律师事务所（Shidler McBroom Gates & Lucas）。1997年该公司通过一桩并购变身为普雷斯顿·盖茨和埃利斯律师事务所（Preston Gates & Ellis），当时老比尔·盖茨的儿子比尔·盖茨已经成为世界

---

❶ 原文为 William Henry Gates Ⅲ（威廉·亨利·盖茨三世），疑为作者笔误，已纠正。——译者注

首富了，老比尔·盖茨也已是华盛顿州律师协会（Washington State Bar Association）的主席了。然而，回过头来看，那些年老比尔·盖茨在公司法的实践中积累了经验，尤其在技术相关领域。有一天当他儿子需要跨越数字知识产权、版权和合同协议的重重障碍时，他这方面的法律经验对他儿子就特别有用。

在华盛顿大学读书期间，老比尔·盖茨结识了一位名叫玛丽·安·麦克斯韦尔（Mary Ann Maxwell，1929—1994）的同学，她迷人、外向、坚定，出生于西雅图（老比尔·盖茨出生于华盛顿州布雷默顿，距离西雅图大约 90 分钟车程）。爱情之花绽放，二人于 1951 年结婚。玛丽出身于美国一个大户人家，她的祖父和父亲都是银行业中非常成功的人士，她父亲曾经坐到太平洋国家银行副行长的高位。玛丽生在富贵之中，但这是一种低调的富贵——家族成员没有因为财富或荣誉而自满。事实上，这个家族对过分炫耀地位或奢侈消费的行为持鄙视态度，玛丽和老比尔·盖茨将这种特质传给了他们的儿子。

玛丽本身也是一个有影响力的人。成年后她优雅地活跃在社会、商业和慈善事业的最高层，志愿服务和社区服务精神令她踌躇满志。她曾担任过许多著名非营利性组织的董事会成员，这些组织包括儿童医院基金会、西雅图交响乐团、大西雅图商会和金县联合之路（United Way of King County）。

她后来成为金县联合之路这个慈善组织的第一位女主席，并于1983年成为第一位担任联合之路美国全国执行委员会主席的女性（联合之路是世界上最大的非营利性国际慈善组织之一）。1975年，玛丽出任华盛顿大学董事这一教育领导职位，她通过精明地处理法律、财务和治理方面的问题为她的母校服务了18年。玛丽还有着敏锐的商业头脑，她曾在华盛顿第一州际银行（First Interstate Bank of Washington）、尤尼加德（Unigard）保险公司、太平洋西北贝尔电话公司（Pacific Northwest Bell Telephone Company）和基罗制造公司（Kiro Incorporated）等大公司的董事会工作。

简而言之，年轻的比尔·盖茨所在的家庭中绝对不缺乏催人奋进的榜样，这些人既事业有成又有着崇高的职业道德。不仅如此，对比尔·盖茨来说，家庭一直是他人生中最稳定的影响因素之一。在微软的早期阶段，比尔·盖茨的父母都以实际行动帮助了微软的发展，但同样明显的是，父母的一些性格特征也影响了比尔·盖茨。《拼搏：比尔·盖茨与微软公司的崛起》（*Hard Drive: Bill Gates and the Making of the Microsoft Empire*）一书的作者詹姆斯·华莱士（James Wallace）和吉姆·埃里克森（Jim Erickson）引用了一位曾与老比尔·盖茨共事的西雅图律师的话，说他是“一个冷酷的人，难相处，要求高”。毫无疑问，这种强硬的性格有时会影响到比尔·盖茨，但在父亲于2020年去世后，比尔·盖茨在领英（LinkedIn）发的一篇帖子充分反映了父亲的性格以及他与父亲的关系：

> 我父亲的去世对我们家以及许多与他接触过的人来说是一个巨大的损失。父亲度过了漫长而非常有意义的一生。我从未停止从他的智慧、善良和谦逊中学习。梅琳达和我欠他一个特别的人情，因为他服务于社区和世界的做法激发了我们自己投身慈善事业的热情。他的同情心和慷慨将在他帮助建立的基金会中延续下去，尽管父亲自己绝不会这样说。正如我此前多次说过的那样，我的父亲是真正的比尔·盖茨。他是我努力想成为的人。

最后一句话清楚地说明盖茨在很大程度上以父亲为榜样。在“盖茨笔记”博客上，盖茨以一篇优美而温情的长文寄托对父亲的哀思，文中谈到父母给予他和他的姐妹们“不断的鼓励”和无条件的爱，让他们受益良多。不幸的是，盖茨的母亲因乳腺癌于1994去世，享年64岁。在2019年的推特（现改名为X）上，盖茨追忆自己母亲，说她是“我认识的最慷慨的人之一”。在盖茨一生接触的无数人物中，很显然，他的父母扮演着稳定、可依赖的靠山角色。

▌少年时代的比尔·盖茨（此时 10 岁）是童子军活动的活跃成员。

比尔·盖茨，全名威廉·亨利·盖茨三世（William Henry Gates Ⅲ），1955 年 10 月 28 日出生于西雅图。他在家中排行老二，有一个姐姐和一个妹妹，姐姐名叫克里斯蒂娜（Kristianne），妹妹名叫莉比（Libby）。因为名字中带有“三”，也为了避免与父亲的名字混淆，比尔·盖茨有个小名叫“特雷”（Trey），这个名字带有“三”的含义。在某种程度上说，他是一个快乐的孩子，这也为他赢得了另一个小名——“快乐男孩”。

从比尔·盖茨早年的表现中寻找未来成功的迹象不是那么容易，因为按照一般经验你会认为他难成大器。年轻的盖茨当然非常聪明，而且非常有好奇心，好学的天性与充沛的精力集于一身，但他却养成了一种标志性的怪癖，就是当他兴奋或激动时就会摇晃自己的上半身，直到成年他也没有摆脱这个怪癖。那些与他密切合作的人也能理解他。在 2018 年奈飞公司（Netflix）制作的一部三集纪录片中，盖茨曾解释说尽管他后来与父母关系亲密，但在青少年时期，他们之间的关系曾一度出现问题。盖茨变得难以相处、目中无人、沉默寡言，他要么对房间里的父母视而不见，要么故意冷酷地藐视父母。有一次，他在餐桌上对母亲太无礼了，以至于父亲怒把满满一杯水泼在他身上。情况陷入了令人懊恼的僵局，于是盖茨的父母安排他去看了心理咨询师。心理咨询的过程让盖茨长期受益，尽管他最初曾强烈反对。在纪录片中，盖茨谈到了这位心理咨询师如何明智地指出他与父母的战斗是不公平的，具体来说就是他打算给父母带来痛苦，而父母却因为爱他而不愿反击。渐渐地，盖茨似乎重新调整了他的关注点，他与父母的亲密关系也开始形成。

盖茨在学校成长过程中明显表现出过人的智力和记忆力，他能够以惊人的速度吸收和记住各种类型的知识。随着时间的推移，他把这种能力与好胜的天性结合在一起。无论盖茨做什么，他都必须做到最好，为此他竭尽所能。对于这一点，华莱士和埃里克森曾引用了盖茨的一位老同学的话：“比尔·盖茨喜欢打匹克球而且争强好胜。他喜欢打网球而且争强好胜。他喜欢滑冰而且争强好胜。他做什么事都要奋勇争先，而不仅仅是为了放松。他是一个非常有进取心的人。”

到盖茨初中毕业时，他的父母已明显地意识到他们的儿子需要一个能够最大限度拓展和挑战他智力的环境。因此，1967 年，老比尔·盖茨和玛丽送儿子去了西雅图著名的私立男子中学湖滨学校（Lakeside）就读，这所学校以卓越的教育质量和社交礼仪而闻名。在 1993 年的一次采访中，盖茨回忆起他刚到那里时曾在学习中运用了一个有点变态的效率–成就模型。那时他读八年级，他制定了一个策略，即“不付出何努力就能取得相当不错的成绩”。对于任何作业，学校都会在成绩分之外再按照 1、2、3 三档打一个“努力程度”分。盖茨说他最想得到的分数是“A3”，意思是成绩最高但付出的努力却最少。显然，这种方法取得的成果不尽如人意，所以盖茨突然意识到他需要付出更多努力。从九年级开始，他的成绩就“相当完美”了。

在湖滨学校，盖茨几乎在每门课和大多数课外活动中都表现出色。在数学课和科学课上他表现出很高的天赋和热情，这两门课为他后来的许多成就奠定了智力和逻辑基础。他至今仍然是这两门课的热情倡导者。但最关键的是，在湖滨学校盖茨初次接触到了一项技术，这项技术将（很大程度上通过他的双手）改变全球社会和商业的性质——盖茨接触到了计算机。

技术未来

我们有必要暂时转移注意力，去回顾一下 20 世纪 60 年代末的数字技术发展状况。今天埃隆·马斯克和杰夫·贝佐斯等科技企业家在已经成型的个人电脑产业之上成为时代的弄潮儿，盖茨与他们不同，在盖茨成长的年代，计算机对于绝大多数美国人来说都是稀罕之物。这意味着他最初体验的计算机硬件和软件犹如新生儿一样跌跌撞撞，努力运转，寻找着存在的目的。

1967 年盖茨进入湖滨学校时，计算机正处于商业应用的起步阶段。计算机的体积非常大，速度非常慢，价格非常贵，因此一般只有某些蓝筹股公司、政府、军方才拥有计算机。众所周知，最早的电子数字可编程计算机是“二战”时的“巨人”计算机，它是英国开发的，用于加速破解德国恩尼格玛密码机产生的加密信息。紧随其后的是美国的电子数字积分计算机（Electronic Numerical Integrator And Computer,

ENIAC），它每秒能够进行5000次数学运算，主要用途是为美国陆军弹道研究实验室计算火炮射击方案。

这两台机器以及类似的其他机器在“二战”后的几年里都令人印象深刻，但它们有着极大的局限性。它们身形巨大，重达数吨，占满一个小房间，它们是真空管、晶体二极管、继电器、电阻和电容器的组合。它们的可编程能力不是通过内存实现的，而是通过耗费数天的体力劳动重新配置系统的数千条电线和开关实现的。

数字进化的下一个阶段是存储程序计算机，这种计算机的操作指令实际上是内置于计算机的内存中的，而不是大量的物理部件。这种设备的优点是多方面的。它们可以执行多种不同的功能且不需要在每个任务之间重新布线，因此它们更高效、更灵活。对比尔·盖茨的未来至关重要的是，存储程序计算机还为计算机编程的民众化提供了可能性，它可以向任何掌握相关编程语言的人开放。

20世纪40年代末，第一批存储程序计算机开始出现，这些里程碑式的设备有着引人注目的名字，如：曼彻斯特婴儿（Manchester Baby）、曼彻斯特马克1号（Manchester Mark 1）、电子延迟存储自动计算器（Electronic Delay Storage Auto-matic Calculator，EDSAC）、离散变量自动电子计算机（Electronic Discrete Variable Automatic Computer，EDVAC）。1951年2

月，第一台商用存储程序计算机费兰蒂马克 1 号（Ferranti Mark 1）上市。20 世纪 50 年代也见证了国际商用机器公司（International Business Machines Corporation，IBM）的崛起。1952 年 5 月 21 日，IBM 的第一台可购买的计算机 IBM 701 电子数据处理机发布，不过该计算机主要用于军事用途。这家最稳重的公司和特立独行、混乱无序的微软公司之间未来的恩恩怨怨正是盖茨早期商业发展故事中最迷人的地方之一。

所有这些都只是开端，20 世纪 50 年代见证了计算机硬件和软件解决方案的不断扩展。1955 年至 1959 年，在美国计算机科学家、数学家、海军少将格蕾丝 · 赫柏（Grace Hopper）的监督之下，FLOW-MATIC 数据处理语言被开发出来，该语言成为流行的面向商业的通用语言（Common Business-Oriented Language，COBOL）的基础。（赫柏后来在 2016 年被追授总统自由勋章，嘉奖令中称她为“软件第一夫人”。）FORTRAN 编程语言是由 IBM 公司于 1954 年开发的。1958 年，美国德州仪器公司的电气工程师杰克 · 基尔比（Jack Kilby）展示了第一个可用的“集成电路”（Integrated Circuit，IC），也就是我们后来称之为“芯片”的东西，即一种包含一组电路的单一小型化部件。仙童半导体公司（Fairchild Semiconductor）的罗伯特 · 诺伊斯（Robert Noyce）从材料和功能方面对集成电路进行了改良，此后，集成电路的算力呈指数级增长，体积不断缩小，开启了数字未来。

到 1967 年，计算机的制造都是围绕着新的集成电路技术进行的。第一代“小型机”已经出现，比如数字设备公司（Digital Equipment Corporation，DEC）1960 年推出的程序数据处理机 1 号（Programmed Data Processor，PDP-1）及此后几年中 IBM 推出的几台机器。（小型机的定义是比大型主机更小、更便宜、性能更弱，但比个人电脑更昂贵、性能更强的计算机。）1962 年，IBM 还推出了磁盘存储驱动器（即硬盘）以及其他几项数据存储创新技术，1964 年，鼠标问世了。1964 年 5 月 1 日，约翰·乔治·凯梅尼（John George Kemeny）和托马斯·尤金·卡茨（Thomas Eugene Kurtz）发布了 BASIC 语言，该语言对微软的未来至关重要。这是一种相对容易掌握和使用的编程语言，对刚刚出现的程序员群体来说尤其是这样。同样至关重要的是，凯梅尼和卡茨都没有为这种语言申请版权……

作为一所资金充足的学校，湖滨学校渴望在新兴技术时代培养最有能力的学生，是早期在教育领域投资计算机的中学之一。然而，尽管相对富裕，但湖滨学校无论如何也买不起一台大型主机，而且也没有那么大空间放置，因此该校购买了一台 ASR-33 电传打字机，这台机器通过一根电话线连接到 PDP-10 计算机上。对于 20 世纪 70 年代的许多早期技术爱好者来说，电传打字机是他们进入计算机世界的大门。从本质上讲，电传打字机是一种基于键盘的终端，它可以通过电话线与远处的计算机进行双向通信。用户使用键盘输入信息，这条信息被转换成穿孔纸带格式，然后传输到计算机；计算机会做出回复，用户收到的信息会被打印在穿孔纸带上，然后再转换成普通的英文。这种今天看来是古董的东西在盖茨的学生时代可是最前沿的技术。

湖滨学校的这台电传打字机与通用电气公司（General Electric）拥有的一台远程计算机相连接，通用电气公司按照连接时长向湖滨学校收费。在那个年代，计算机使用价格并不便宜。为了资助新的数字开销，“湖滨母亲俱乐部”（Lakeside Mothers' Club）行动起来，她们通过一次旧货义卖活动筹集了 3000 美元，并将这笔款项用在了湖滨学校的数字基础设施上。考虑到湖滨学校使用计算机的学生后来的成就，这笔钱花得很值。对盖茨来说尤其如此，这个电传系统激发了他的计算机学习热情，这种热情改变了他个人的命运和数字世界的命运。1993 年，在国立美国历史博物馆（National Museum of American History）接受采访时，盖茨承认，他早期对计算机技术的某些探索“在今天看来近乎滑稽”，因为与 20 世纪 80 年代和 90 年代的技术相比，这些系统实在是性能低下，更不用说和几十年后出现的东西相比了。盖茨解释说，以电传打印头为例，它的移动速度是折磨人的每秒 10 个字符，而且没有小写文本功能。因此，后来学校计算机中心购置了一台通用公司的终端，该机器具备每秒 30 个字符的打印速度和小写文本功能，代表着“绝对的、令人难以置信的突破……我们全都呆坐在那里看着它”。

这套系统有着逻辑和数学上的精确性以及似乎无穷的可能性，显然盖茨被它迷住了。有了这套系统，盖茨可以运用自己的逻辑和创新能力来实现控制并设定结果。他开始钻研当时的主流编程语言，尤其是 BASIC。盖茨用 BASIC 编写了他的第一个计算机程序——井字棋游戏。他很快转向了一个更高级的项目，那是一款由玩家来控制数字登月的游戏。该游戏的主题与盖茨对美国太空计划的强烈兴趣相吻合，后来美国太空计划于 1969 年 7 月 20 日首次将人类送上了月球。接着，盖茨又设计了一个程序，能让计算机玩棋盘游戏“大富翁”。盖茨的智慧之火被点燃了，不久后他把在湖滨学校能挤出的所有时间都用在了计算机上。

他并不是唯一被计算机迷住的人。盖茨结识了一个名叫保罗·艾伦（Paul Allen）的年轻人。艾伦比盖茨大两岁，同样是狂热的技术爱好者和程序员。和盖茨一样，艾伦痴迷于数字未来，但他又与盖茨完全不同——他更文静，更谦逊，不那么外向，更爱沉思。与艾伦的内向性格相反，盖茨有着烦躁不安、极度务实和争强好胜的天性。然而，艾伦将会像他这位知名度更高的朋友一样，与微软的创始故事紧密联系在一起。为了给他们的数字事业确立方向和重点，盖茨和艾伦与另外两位技术爱好者理查德·韦兰（Richard Weiland）、肯特·埃文斯（Kent Evans）合作并共同创立了湖滨程序员小组（the Lakeside Programmers Group，LPG）。在湖滨程序员小组创立之初，首要问题是资金问题。他们上机的时间太多了，很快就用完了最初的3000美元预算。湖滨学校改变了安排，与西雅图的计算机中心公司（Computer Center Corporation）签署了一项新协议，但湖滨程序员小组很快又用光了学校在C-Cubed PDP-10计算机购买的上机时间。但在这个过程中，他们对BASIC、COBOL和FORTRAN语言的理解和操作得以强化。

盖茨和其他人很快发现他们可以溜进C-Cubed计算机系统中他们不该去的角落。这个发现导致了盖茨的第一次“黑客攻击”。随着湖滨学校学生的上机时间增加，费用猛增，湖滨程序员小组找到了进入C-Cubed账户的方法，而且一进去他们就修改了湖滨学校的上机时间记录，以此来省钱。然而，他们的数字入侵很快就被发现了，这些男孩被带到学校领导面前，并受到最具情感针对性的惩罚——6周内不得使用学校的电脑系统。但值得赞扬的是，计算机中心公司注意到了他们展露的天赋并充分利用了这种天赋。针对商业客户中出现的大量系统崩溃问题，该公司给了男孩们免费使用电脑的时间，让他们去努力尝试破坏系统并在这个过程中找出系统崩溃的原因和可能的补救措施，同时找出一切安全漏洞。这项活动是在晚上和放学后的夜间进行的，所以盖茨和湖滨程序员小组的成员们变得邋遢、困倦、眼里充满血丝。但对他们来说，这份工作既有趣又刺激，让他们有时间深入探索计算机。他们一心想发现新方法，找到最佳解决方案。正是在这种激情的驱使之下，块头更大的艾伦常常托举体重较轻的盖茨跳进计算机中心公司的大垃圾箱，这样盖茨就可以捡回一大堆该公司的电脑打印结果了。

此照片拍摄于 1970 年，保罗·艾伦和比尔·盖茨正在湖滨学校探索电传打字系统。

盖茨曾回忆说这段时间是他成长的一个特别时期。在计算机中心公司，盖茨和他的朋友们被“早期计算机时代的伟大人物”包围着。这些人物不仅给盖茨和他的朋友们提供灵感和新思想，还提供实际帮助，把技术手册借给了他们。盖茨还记得他津津有味地认真研读了这些手册，花了几个小时钻研指令和代码行。对盖茨来说，“能看上一眼并开始明白计算机是如何制造的，以及理解它为何这么昂贵，真是太令人兴奋了”。在 1993 年的一次采访中他还提到，早年就对一门学科达到一定程度的精通是令人兴奋的事情，他认为这是“非常积极的事”，相比之下，他周围大多数人对计算机技术的掌握只是业余水平。这种精通有利于教育和竞争。他还指出，虽然计算机是“最令人兴奋的领域”，但他也受益于其他学科的学习，尤其是数学。

因此，在计算机中心公司的这段时间对盖茨来说是进入计算机行业的关键一步。但是，在计算机行业的早期，有些公司是明亮耀眼的太阳，更多公司是短暂的流星，它们在不可预测的大气层中迅速燃烧殆尽。1970 年，计算机中心公司在创立两年后就倒闭了。这家公司的倒闭对盖茨和艾伦很有教育意义。他们认识到如果没有切实的商业可行性，即使有最具创新性的技术探索也无济于事。盖茨和埃文斯一起从即将解散的计算机中心公司取得了大量的计算机磁带。值得一提的是，盖茨对其他人隐瞒了磁带的事，但当他的秘密被发现时，艾伦就这种行为和他大吵了一架。在他们漫长而复杂的关系中，这种爆发变得很常见，而且最终变得愈加激烈。

我们有必要转移话题，去探究一下影响盖茨青少年时期性格发展的一些因素。正如前面提到的，他是一个真正的电脑迷，在别人看来，他的这种特征既令人担忧又值得鼓励，对盖茨的父母来说尤其如此，他们希望把儿子培养成一个全面发展的人。据说，他过于早熟的智力导致他有点傲慢——盖茨是个非常明智的人，他自己知道这一点。他会不由自主地就知识或逻辑的细节与人争辩，尤其是与他的老师争辩（盖茨一生中对权威几乎没有表现出本能的顺从）。有一次，他因为一个科学问题在全班同学面前和物理老师吵得面红耳赤，最终盖茨赢了。

年轻的盖茨精力旺盛得像个熔炉。每件事他都要以极快的速度完成，日程总是安排得很紧。盖茨开始养成一种“刚好及时”的风格，不肯浪费一分钟时间。他超强的脑力是毋庸置疑的，尽管他经常不好好吃饭。后来有人看到他直接舔食 TANG 菓珍粉来当作一顿饭，下巴上沾满了人工色素。（补充一句，盖茨一生最爱吃汉堡和薯条。）他经常忽视个人卫生，头发又乱又油，肩上常有头皮屑，该洗澡了也不洗。然而，他的记忆力惊人，接近真正的过目不忘。例如，在他中学时代的后几年，他曾短暂尝试参与学校的戏剧表演，他只看了几秒就记住了一段三页的独白。

与盖茨同时在湖滨学校读书的学生对他的印象大相径庭，有人说他令人不快，有人说他令人鼓舞。他似乎确实引人注目，而且很明显是个有争议的人物。然而，我们应该避免轻易得出结论，说他只是个性格古怪的人。盖茨很自信，面对任何人都能坚持自己的立场。他也是一个喜欢寻求刺激的人。他后来迷上了跑车，他的第一辆车是 16 岁时买的一辆 1970 款红色福特野马。在少年和成年时期，他开车又快又猛，还为此承担了法律后果（见下文）。他还擅长滑水和滑冰等运动项目。即使在体育方面，盖茨也努力在周围人中成为佼佼者。总的来说，他成功做到了这一点。

20 世纪 70 年代初，湖滨程序员小组发生了重大变化。艾伦已经另辟蹊径，他通过家人的关系可以使用附近华盛顿大学各系的计算机，有了更多上机时间。盖茨和湖滨程序员小组的其他成员经常在晚上去找他，在该大学的 PDP-10 和 PDP-11 计算机上磨炼他们的技能。实际上，他们的水平已经相当高，以至于 1971 年他们获得了第一个商业机会。位于俄勒冈州波特兰市有一家名叫信息科学公司（Information Sciences Inc.）的计算机分时公司，该公司的领导听说了这群才华横溢的年轻人，于是找到了他们，让他们为公司的一个客户编写一套薪资管理程序。起初，艾伦和韦兰认为工作量不算大，用不了四个人，所以他俩打算自己搞，但他们很快发现必须把盖茨和埃文斯拉进来才能应对那么大的工作量和智力挑战，特别是要利用盖茨可以轻松完成复杂编程任务的才能。盖茨的超强记忆力也很重要，因为这个项目要求程序员快速掌握企业会计知识。盖茨曾回忆说："我学习了劳务报表、税务知识以及各种单调的事务。"盖茨的父亲还帮助两个年轻男孩起草了法律协议。这个项目是湖滨程序员小组对数字商务世界的一次无比珍贵的尝试，给小组带来了资金（实际金额不得而知），并为他们提供了价值约 1 万美元的免费计算机使用时间。这也是盖茨在学习做生意方面的关键一课。

这时候，盖茨已经把最初的爱好当成了未来的事业。艾伦从湖滨学校毕业后去了华盛顿大学读本科，但仍与湖滨学校的学弟们保持着工作上的联系。盖茨和艾伦的下一个重要项目叫作"交通数据"（Traf-O-Data）。他们俩发现了一项市场空白，于是为此开发了一个程序，该程序把当地政府道路交通分析计数器输出的交通分析数据磁带转换为人能读懂的交通流图表。他们还从湖滨学校聘用了年轻的计算机爱好者们来做耗时的数据转录工作——这时候他们开始理解了员工和规模之间的关系。他们对这个项目的野心很快就上升了一个档次，开始尝试基于新的英特尔 8008 微处理器芯片来构建自己的交通流量分析计算机。后来美国联邦政府提供的免费服务和技术对他们构成事实上的竞争，交通数据项目终结了，但到这个时候，盖茨和艾伦已经从销售中获得了大约 2 万美元的利润，在 20 世纪 70 年代初这可是一大笔钱。

看到大量机会涌现，盖茨和埃文斯与湖滨程序员小组一起成立了逻辑仿真公司（LSC），再次希望通过聘用学校的计算机爱好者来增加工作能力。这些爱好者都是自愿参加的，而且不嫌报酬低。LSC 很快就有了第一个任务——开发一个新的计算机排课系统，客户就是湖滨学校。

1972 年 5 月 28 日，埃文斯在一次登山事故中丧生，这是一个让盖茨精神错乱的事件。埃文斯是盖茨真正的朋友，他们常常几个小时一起在电脑上工作或者设想数字化的未来，都对技术及其未来充满热情，也会一起出去玩耍。在 2018 年的奈飞纪录片《走进比尔：解码比尔 · 盖茨》（*Inside Bill's Brain: Decoding Bill Gates*）中，盖茨回忆说当时他对这突如其来的变故感到非常难过，但我们也能看出他做事一贯的务实态度，他说："这太出乎意料了，太反常了。人们不知道该对我和他的父母说些什么。我当时想，唉，好吧，现在我要做那些曾经和埃文斯讨论过的事，但我将无法和他一起做了。"

在艾伦的协助下，盖茨继续为湖畔学校开发排课程序。

他们最终发布的这个排课程序效果非常好，以至于直到 20 世纪 90 年代仍在使用。有了这次成功交付的口碑之后，盖茨和艾伦随后又获得了为华盛顿大学开发排课程序的订单。

显然，此时盖茨的前途一片光明，他的技能处于新数字时代的前沿。高中最后一年，来自天合汽车集团（TRW Automotive Holdings Corp）的一名代表联系了盖茨。TRW 是美国的一家大公司，其业务涉及航空航天、工程、汽车等众多技术领域。这位代表解释说，他们需要聘请信息技术专家帮忙解决监控电网的计算机系统问题，他们听说湖滨学校有高级编程技术和解决问题的能力。盖茨和艾伦赶紧抓住这个机会参与其中，两人打扮得漂漂亮亮的，结伴去温哥华参加了面试。他们得到了这份工作，薪水是每周 165 美元。湖滨学校显然认识到了这个机会的价值，于是允许盖茨放弃部分学业来承担这项工作。

哈佛求学

1973 年，盖茨完成了他的中学教育。凭借超群的能力和良好家庭背景，盖茨进入了他求学之路的下一站——哈佛大学，这所大学可以说是美国名气最大的大学。是他的父母鼓励他去哈佛的，他们无疑意识到自己年轻的儿子可能会走一条更商业化的道路，而且盖茨自己也渴望与这个星球上最聪明的人做同学。几位传记作家曾指出：在这个方面他注定要失望。因为最出类拔萃的人，尤其是在计算机领域，正是盖茨本人。由于他的学识渊博，他被允许同时修读本科和研究生课程，而且他所有课程都很出色，甚至包括那些他不感兴趣的课程。

盖茨很适应大学生活。他广交朋友，参加聚会，努力学习。他还尝试着与女生交往，不过据说社交上的笨拙导致这些交往几乎没有超越友谊的范畴。其中一位叫凯伦·格洛伊德（Karen Gloyd）的女生回忆说，他有点害羞，显然没有和女孩子打交道的经验（盖茨见到她的开场白竟然是问她 SAT[1] 考了多少分进的哈佛），但这似乎是因为他全神贯注于他的工作和兴趣，做到了心无旁骛。话虽如此，在他大学的后几年里，盖茨迷上打扑克游戏而且不能自拔，游戏中他常有大笔输赢。自然，盖茨很快就被认为是这个圈子里最有天赋的选手之一。

学业方面，盖茨在智力上仍然不输哈佛的学生和教授。然而，他确实明白了一个宝贵的人生道理，那就是他不可能

---

[1] SAT 即 Scholastic Aptitude Test，是美国高中生升入大学须通过的学业能力倾向测验。——译者注

在每个领域都是佼佼者，即使是在他热爱的数学这个学科，他也遇到了一些能力超过他的真正杰出的人物。不过，盖茨在哈佛的一个重要成就是他解开了一个长期存在的数学难题，即如果把一叠大小不一的煎饼自上而下按从小到大排序，至少需要翻动多少次。盖茨的解决方案在一本著名的杂志上发表了。

虽然盖茨在大学期间学习表现出色，但努力学习和校外工作之间仍然存在强烈的冲突。事实上，盖茨和艾伦开始考虑从大学退学去创办一家计算机企业。他们都收到了工作邀请，这让他们退学的想法愈发强烈了。其中一个工作机会来自霍尼韦尔公司（Honeywell），这是一家大型跨国企业集团。盖茨和艾伦都曾在暑假期间为这家公司做软件程序员，但随着暑假结束秋季开学，他们只能乖乖地回到学校。

尽管如此，哈佛大学对后来微软的成功也起到了助燃作用，尤其重要的是盖茨在哈佛校园结识的那些人。其中一位是史蒂夫·鲍尔默（Steve Ballmer），他也是个非常有才能的人，当时他正在攻读应用数学和经济学学位（1977 年他以优异成绩毕业）。鲍尔默的房间离盖茨的房间很近，两人成了朋友。鲍尔默在社交方面很自信，他是哈佛大学深红橄榄球队（Harvard Crimson）的经理，是《哈佛倡导者报》（*The Harvard Advocate*）的记者，也是精英荟萃的福克斯俱乐部

（Fox Club）的成员。鲍尔默的性格与盖茨截然不同。他的干劲和自信将在盖茨未来的企业中发挥特殊的作用。

许多超级成功的企业家都会谈到他们事业上的一个分水岭时刻或者说一次顿悟的经历，让他们发现并确定自己必须抓住的机遇。对盖茨和艾伦来说，这个顿悟发生在 1974 年 12 月。当时艾伦正步行去访问盖茨，路上他从一个报摊拿起了一份 1975 年 1 月号的《大众电子》（*Popular Electronics*）杂志。封面上有张照片拍的是一个四四方方的科技产品，旁边配有醒目的标题，“世界上第一台能与商用机型匹敌的小型机……牛郎星 8800（Altair 8800）”。艾伦拿着杂志飞快地跑到盖茨那里，给他看封面和里面那篇文章，他们都正确地认为这是在宣告真正的个人计算机即将诞生。这两个年轻人不禁浮想联翩，他们看到了为该机器安装 BASIC 语言解释器的机会。1975 年 1 月 2 日，艾伦写信给牛郎星计算机的制造商，即新墨西哥州阿尔伯克基市的微型仪器与自动测量系统公司（Micro Instrumentation and Telemetry Systems，MITS），简要介绍了他们的提议，这封信最终到达了 MITS 公司老板爱德华·罗伯茨（Edward Roberts）的桌子上，这位老板是个（从肉体上和精神上讲）有着传奇色彩的空军退役军人。信中提议的具体内容是：如果 MITS 公司以每份 50 美元的价格购买盖茨和艾伦提供的 BASIC 解释器，MITS 公司就能以每份 50

到 100 美元的价格出售。罗伯茨看到了这个提议的价值，也为了鼓励年轻人创业，于是同意与盖茨和艾伦合作为牛郎星 8800 开发 BASIC 解释器。

这个协议为微软的建立奠定了基础。1975 年 1 月号《大众电子》杂志有时被称为微型计算机历史上最重要的出版物，这并非没有道理。

盖茨和艾伦开始埋头苦干，迎接技术挑战，准备开发出适用于牛郎星的 BASIC 并向罗伯茨展示。他们需要克服很多困难，尤其是盖茨和艾伦既没有牛郎星 8800 计算机（仅有的一台样机在 MITS 公司），也没有该计算机上采用的英特尔 8080 CPU。因此，在他们开始解决问题之前，还必须重新配置一台 PDP-10 计算机来模拟牛郎星计算机。（幸运的是，艾伦之前在“交通数据”项目中曾编写过一个英特尔 8008 模拟器，可以用于这个新项目。）

按照今天的标准，牛郎星 8800 计算机实在是太初级了。首先，它是以待组装元件的形式提供给买家的，而不是一台组装好的计算机（后来也有组装好的出售，但价格较高）。它只有 256 字节的内存（在写作本书时，8G 字节的工作内存似乎都不算大了），不过它有 18 个内存扩展插槽，能将内存扩展到对当时来讲十分巨大的 4K 字节。这台计算机没有屏幕，也没有键盘，它是通过拨动前面板上按确定顺序排列的开关来编程的。尽管如此，它无可争辩地代表了个人电脑的未来。

开发牛郎星 BASIC 是一项非常耗时的任务，大约 4 周后，盖茨和艾伦的软件团队吸收了一名新成员，是他们哈佛的同学蒙特·大卫杜夫（Monte Davidoff）。大卫杜夫在大学食堂里无意中听到盖茨和艾伦在讨论要抽出时间编写 BASIC 的数学子程序。大卫杜夫已经掌握了该程序的编写方法，于是主动要求提供服务，三人一拍即合。

这个三人小组开始共同为微型计算机编写第一个 BASIC 程序，经过 8 周紧张工作，他们终于完成了这项任务，最终该程序的数据共 3200 字节。但他们仍然需要在牛郎星电脑上演示该程序可用。艾伦按时飞往阿尔伯克基市的 MITS 办公室，去向罗伯茨演示他们的成果。飞机上还有个广为人知的小插曲。在向南飞行的途中，艾伦突然意识到他们忘记编写引导程序了，这个程序实际上是告诉牛郎星如何加载这个 BASIC 程序的。于是在飞行过程中，艾伦在一张纸上写下了引导程序，他完全是凭经验完成的。他测试这个程序的第一个机会将是在一个真实的客户面前。

在身高 1.93 米的罗伯茨这个壮汉面前，艾伦通过纸带读出机将这个 BASIC 程序输入牛郎星中，然后这位年轻的企业家开始等待成功或是羞辱时刻的到来。经过 7 分钟的加载，机器最终问道“MEMORY SIZE”（内存大小）？艾伦输入了

“7169”。机器的回答是“OK”，这才让艾伦把心放下。然后他输入了“PRINT 2+2”（输出 2+2 的结果）。打印机迅速打印出了答案：4。这时房间里的紧张氛围明显缓和了。艾伦证明了这个 BASIC 程序能够正常运行。从此 MITS 公司有了软件解决方案，盖茨和艾伦的编程也有了商业销售途径。

透过这个故事，我们会发现不是盖茨一个人发明了首个牛郎星 BASIC 解释器，尽管从努力和智慧方面衡量，他的贡献可能更大些。更确切地说，1975 年的这次 BASIC 编程是三个人的集体努力，尽管大卫杜夫的贡献在后来的历史中基本上被遗忘了。但事实仍然是他们一起与时间赛跑，共同完成了从推介到交付的工作。他们与 MITS 公司签订了一份供应 BASIC 的合同，艾伦作为软件开发主管实际进入 MITS 公司工作，负责 MITS 公司与他们的新软件公司之间的联系工作。为了与 MITS 公司合作更密切，那年夏天，盖茨和大卫杜夫带着另一位程序员克里斯·拉尔森（Chris Larson）搬到了新墨西哥州。眼看雪球开始滚动并且还在加速，盖茨和艾伦也决定将他们二人之间的关系正式确立为商业合作伙伴关系。他们把这个新公司命名为“微软”（Micro-Soft）。

BILL GATES

第二章
微软现象

今天身处电脑饱和的时代，我们需要动用历史想象力才能让我们的头脑理解早期的微软（注意早期的 Micro-Soft 有连字符）和 MITS 所做的事情。这两家公司共同提供了一款买得起、可使用、易理解的个人电脑（Personal Computer，PC）。根据 1975 年 8 月号《大众电子》杂志上刊登的价格表，牛郎星 8800 电脑套件的售价 439 美元，组装好的售价 621 美元，4K 版本的 BASIC 卖 60 美元，8K 版本的 BASIC 卖 75 美元。这样的价格意味着大多数有点银行存款的爱好者都能买得起电脑了，无须花费数千美元购买大型企业机。这在技术爱好者中引起的轰动是惊人的，MITS 公司的命运也因此迅速发生了改变。该公司从破产的边缘变成了一家拥有 4000 份订单的公司，但问题也来了。此时 MITS 公司面临的问题是扩大生产规模以满足日益迫切的用户购买需求。另外，BASIC 虽然演示成功了，但在与电脑一起发货之前还需要进一步完善。

与此同时，1975 年 4 月 4 日，盖茨和艾伦就合伙成立微软公司事宜签署了协议。二人就协议中的利润分配问题发生了争执。开始盖茨主张他分得公司 60% 利润，后来又提高到 64%，因为他认为自己在 BASIC 开发工作中贡献更大。艾伦签了字，但后来回想这份协议，他显然很不满意，尤其是因为他觉得自己才是把程序语言和微处理器结合起来的核心思想来源。

如果我们以为初创的微软会突然财源滚滚，那就错了。公司先是收到 3000 美元的签字费，此后的收入就令人失望了。尽管微软这两位新合伙人和他们的早期员工都在不知疲倦地开发 BASIC 升级版，但截至 1975 年底，公司年收入只有 16 005 美元。问题很快就浮出水面了。盖茨意识到电脑爱好者团体和个人正在复制软件并免费与他人分享。在业余爱好者的圈子中，人们对侵犯版权持一种放任自由的态度，认为软件是公共领域中免费共享的东西。盖茨的想法则截然相反，他对这种非法复制行为感到愤怒，尤其是因为他们为这个项目投入了那么多时间和金钱。显然盖茨是想打上一仗，他写了那封现在很有名的《致电脑爱好者的公开信》（*An Open Letter to Hobbyists*），并把它寄给了颇具影响力的家酿电脑俱乐部，该俱乐部在 1976 年 2 月的《家酿计算机俱乐部简报》（*Homebrew Computer Club Newsletter*）上将这封信原样刊登出来。从下面的节选中我们可以看到盖茨愤怒地直接摊了牌：

大约一年前，保罗·艾伦和我预见到电脑爱好者市场会扩大，于是聘请蒙特·大卫杜夫开发了牛郎星BASIC程序。虽然最初的工作只花了两个月的时间，但我们三人去年大部分时间都在为BASIC程序编写文档、改进提高、添加功能。现在我们的产品版本包括4K、8K、EXTENDED、ROM和DISK BASIC。我们上机时间的价值都已经超过了4万美元。

数百名自称正在使用BASIC的人对我们的产品都给出了较高的评价。然而，有两件令人惊讶的事情也暴露出来：①大多数“用户”从未购买过BASIC（仅有不到10%的牛郎星机主购买了BASIC）；②我们从电脑爱好者那里收到的软件使用费如果按我们开发牛郎星BASIC耗费的时间算，每小时的价值还不到2美元。

为什么会这样？大多数电脑爱好者一定都知道，你们中大多数人的软件是偷来的。硬件是必须付费的，但软件却是共享的。谁在乎开发软件的人是否得到了报酬呢？

这公平吗？偷了软件后有一件事你们不做，那就是遇到问题时你们不去埋怨MITS公司。MITS公司并没有靠卖软件赚钱。我们公司获得的软件使用费仅能与手册、磁带成本以及经营成本抵消，达到收支平衡而已。有一件事你们做了，那就是你们阻碍了优秀软件的开发。谁能一直无偿从事专业工作？哪个电脑好者能花三年时间编程并找出所有的错误，编写文档，然后免费发布？

……还有那些转卖牛郎星 BASIC 的家伙，他们是不是在利用软件赚钱？是的，有些我们已经知道是谁，最终他们会输掉官司。他们是给电脑爱好者带来坏名声的人，应该被赶出他们参加的任何俱乐部。

……能够聘用十个程序员并为市场提供大量优秀软件是最让我高兴的事。

比尔・盖茨

微软公司普通合伙人

这封信引起了电脑界的强烈反感。许多遵纪守法的发烧友觉得他们被一个少年老成的新人无理训斥了一顿，而另一些人则坚信自己有复制软件的权利，认为他们这种做法类似于从广播中录制音乐。

这种反应加剧了 MITS 公司和微软之间更深层的矛盾。MITS 公司在完成订单方面陷入了苦苦挣扎，愤愤不平的客户越来越多。对微软来说，更大的麻烦是 MITS 公司做出了一些别有用心的商业决策。MITS 公司将 BASIC 作为一个独立的产品以 500 美元的价格出售，这比电脑本身的价格还要高，但用户可以选择以极低的价格购买安装在存储板上的 BASIC。问题是该公司出售的存储板基本没法用，因此 MITS 公司无意中鼓励了客户复制软件，因为客户通过复制软件既可以避免以高昂的价格购买独立发售的 BASIC，又可以避免购买 MITS 公司的劣质存储板。此外，MITS 公司还面临着一个问题，那就是此时牛郎星有了大量竞争对手。仅在 1977 年，就有三款重要的个人电脑向公众发布，分别是苹果公司的 Apple Ⅱ、康懋达公司（Commodore）的 PET 和坦迪公司（Tandy）的 TRS-80，其中 TRS-80 通过人气很旺的睿侠（RadioShack）商店销售。这三款机器被誉为“1977 三剑客”（1977 Trinity）。

此照片拍摄于微软成立之初，盖茨只比艾伦小两岁，但在艾伦身边总是显得很年轻。

盖茨很快就认识到微软必须退出与MITS签订的合同，但这说起来容易做起来难。该合同要求微软公司必须遵守与MITS之间为期十年的全球专卖权协议，这意味着微软公司不能向其他任何人出售BASIC。相反，MITS却可以自由将BASIC再授权给第三方。对于个人电脑的发展来说值得庆幸的是，这份协议还有一些回旋的余地。协议中有这样一条："公司（指MITS）同意尽其最大努力授权、推广、商业化该程序（指BASIC）。若公司未能尽其最大努力……将构成终止本协议的充分依据和理由。"这就是微软可以钻的空子，而且这样做变得越来越有必要，因为微软正在推出新产品，比如微软为牛郎星8800上新出现的软盘存储系统开发的DISK BASIC。

值得一提的是，微软在其发展史的这个阶段是一家什么样的公司。用"另类"来形容可能比较合适。在这个阶段，微软还没有专门的办公室。取而代之的是，盖茨和艾伦带领一小群程序员在阿尔伯克基的一套家庭公寓中以及MITS公司办公室中两地工作。微软招聘来的员工都是一种类型的人——超级聪明、又高又瘦、眼睛通红的程序员。他们都是技术天才，但也都不是管理型人才。后来盖茨一直在努力打破这种招聘模式。这些程序员整天工作，他们简直就是靠着没什么营养的能量食品和嘈杂的音乐保持清醒的。盖茨是全公司的领头人，他无限的精力影响着周围的人。他做事认真，爱争论，情绪易失控。与他好斗的个性搭配的是他那看起来比实际年龄小得多的外貌，所以 MITS 公司的人经常看到的场面就像是一个瘦高的青春期男孩在和成年人罗伯茨激烈争辩，结果罗伯茨发现盖茨真难对付。盖茨有时说话非常伤人，他毫无顾忌地说某些人或某些想法“愚蠢”，只要他觉得是那样的。每个想与盖茨紧密合作的人都需要有钢筋铁骨，在随后的几年里，会有很多人掉队。

但没有人会质疑盖茨的职业道德。他经常睡在办公室，他似乎在几天中只睡几个小时就能保持高速运转。众所周知，盖茨几乎能够随时立即进入深度睡眠，他只需把毯子或其他东西往头上一蒙，就能让自己失去知觉。将微软打造成全球巨头这个崇高理想也源自盖茨。20 世纪 70 年代末，微软公司的企业使命宣言出现了，虽然措辞不一，但可以概括为：“在每张办公桌上和每个家庭中都有一台使用微软公司软件的电脑。”这个简洁清晰的目标成了公司未来 20 年的努力方向并以一种连盖茨都没有想到的方式实现了。1976 年至 1977 年是盖茨和微软公司的重要过渡时期。1976 年底，公司的名字改成了更响亮的微软（即 Microsoft，去掉了原来的连字符），可以说创立了 20 世纪最著名的品牌。1976 年 11 月，艾伦离开了 MITS 公司，全职为微软工作，此时微软的销售额和利润都在增长。大约在同一时间，微软拿下了两份大的合同：向美国企业巨头安迅公司（National Cash Register，NCR）和通用电气公司提供BASIC。后者想要源代码，前者想要为基于新IBM 8080芯片的系统开发支持数字磁带的BASIC，但是受制于与MITS公司签订的协议，微软必须得到MITS公司的授权才能为BASIC寻求更多机会。盖茨在国立美国历史博物馆接受采访时曾回忆那段时光，也道出了微软的更多活动和人事背景：

> 嗯，我们知道MITS只是一家公司，我们希望所有机器上都能使用我们的软件。我们与MITS公司的最初协议甚至也曾谈到通过向其他公司授权而获得报酬的能力。我们看到，随着英特尔向智能终端制造商和其他计算机制造商推销芯片，这些公司没必要自己编写BASIC，我们可以把我们的BASIC以较低的价格卖给它们。事实上，只要按时付给我们使用费就行了。所以我们四处游说安迅这样的公司以及众多终端公司，让它们制造基于微处理器的机器。另外，我从未加入MITS公司。艾伦在那里工作过大约18个月，然后他招聘了另一个人来接管他的软件部门。我开始聘用其他人。事实上，在艾伦回来之前，我们已经开始为6800、6502s和其他芯片开发BASIC了。我们启动了FORTRAN编译器的开发。我们当时正在与德

州仪器公司商讨为它们开发 BASIC。

1977 年 1 月，盖茨终于听从了自己内心的召唤，从哈佛退学了，这样他可以更加专注于微软的工作，但这让他的父母非常气愤。此前，盖茨的母亲玛丽·盖茨为了阻止盖茨的辍学决定，曾安排他会见一位很有影响力的企业家、慈善家塞缪尔·N. 斯特罗乌姆（Samuel N. Stroum）。玛丽本来想让这个人劝盖茨循规蹈矩，完成学业，结果事与愿违。盖茨说服了斯特罗乌姆支持其商业计划，此人甚至鼓励盖茨离开哈佛，后来他还后悔没有对微软这个初创企业进行大规模投资。此后盖茨的大学教育又短暂持续了一段时间，但同时兼顾两头实在让他吃不消。1984 年，盖茨曾接受美国全国广播公司（National Broadcasting Company，NBC）《今日秀》（*The Today Show*）节目的采访，主持人简·保利（Jane Pauley）问这位年轻的企业家，如果他在哈佛多待几年是否会错过"计算机革命"。盖茨回答说："也许吧。这个行业的发展速度很快，我真的迫切需要走出去，成为第一个在微机上安装 BASIC 的人。"

盖茨离开哈佛已不是问题，但与 MITS 公司的协议仍是个未解的难题。更糟的是，罗伯茨开始考虑将 MITS 公司以及它与微软的协议一并出售给一家名为外围设备公司（Peripheral Equipment Corporation，PEC）的计算机公司。这笔交易于

1977 年 5 月 22 日以 650 万美元的价格成交，PEC 改名为珀泰克电脑公司（Pertec Computer Corporation，PCC）。但此时，盖茨和艾伦已经提交了法律公告，宣布他们打算终止与 MITS 公司签订的 BASIC 许可协议。这场纠纷转移到了珀泰克电脑公司身上，该公司自然希望按照最初的限制性协议留住微软。

随后的官司一直打到 1977 年末，但珀泰克可能低估了年轻的盖茨和微软公司的能力（盖茨的父亲及其律师事务所在法律上提供了支持）。珀泰克公司威胁说不再销售 BASIC 并禁止其销售，但这违反了与 MITS 公司协议中关于尽力推广 BASIC 的条款，因此最终的法律判决对微软有利。盖茨和艾伦现在获得了向任何人出售 BASIC 的自由。障碍终于扫除了。

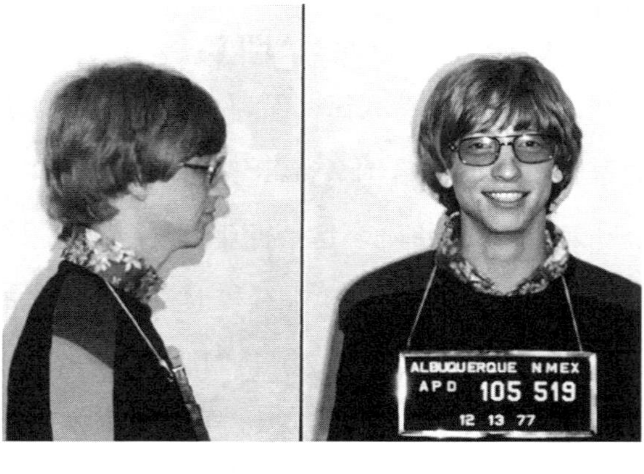

在这张著名的人脸照片中，21 岁的比尔·盖茨面带微笑，当时他因超速驾驶和未出示驾照而被阿尔伯克基市警方逮捕。

公司扩张

从 20 世纪 70 年代末开始，比尔 · 盖茨和微软的故事就变成了令人眼花缭乱的加速扩张。盖茨作为商业扩张的核心不断发力，他的产品最先获得关注，然后在市场上占据了主导地位，他的步子越来越快。微软摆脱了 MITS 和珀泰克的束缚后，现在可以自由自在地发展了。

需要知道的重要一点是，在这个阶段，微软仍然是一家编程语言公司，它开发编程语言并将其出售给第三方。这些语言包括 FORTRAN 和 COBOL，但 BASIC 语言开发才是其商业动力，盖茨在一次采访中解释道："是的，这个 BASIC 程序是第一个真正为个人电脑编写的软件。它为第一代个人电脑解锁了应有的强大功能，因为当时尽管有人用机器语言编程，但 90% 的编程工作都是用 BASIC 完成的，其中又有 90% 用的是微软的 BASIC。"

在新兴的微机产业中微软的 MS BASIC 成了首选编程语言。例如，在 1977 年推出的 TRS–80 个人电脑上，MS BASIC 是标准语言。该机型第一个月就售出了 10 000 台（这意味着微软也卖出了 10 000 份 MS BASIC，赚取了高额利润），而且直到 1982 年它都是最畅销的微机。它最大的竞争对手是由史蒂夫 · 沃兹尼亚克（Steve Wozniak）和史蒂夫 · 乔布斯经过传奇般的合作开发出来的 Apple Ⅱ电脑。尽管 TRS-80 和 Apple Ⅱ在硬件方面是竞争对手，但微软同时给这两家公司提供软件。沃兹尼亚克起初也为 Apple Ⅱ开发过一种名为 Integer BASIC 的编程语言，但它不支持浮点数（对于不是计算机专家的读者来说，这是一个晦涩难懂的术语，但它是一项很重要的技术考虑，用于表示带有可移动小数点的数字）。为了及时解决这个问题，乔布斯同意在苹果 Apple Ⅱ上安装 MS BASIC 6502。在苹果和微软的早期，这两家公司之间有着重要的合作关系，先是在编程语言方面，然后逐渐过渡到应用软件方面。只是后来的竞争才让这两家公司之间，还有盖茨和乔布斯之间，成了商业上的劲敌。

就个人而言，20 世纪 70 年代末盖茨的主要业务是把微软开发的语言销售到原始设备制造商（Original Equipment Manufacture，OEM）市场上。在这种模式下，微软把编程语言卖给制造商，安装在它们的机器上，将其作为整套电脑的一部分卖给客户。微软将通过出售语言许可证赚钱。因此，与原始设备制造商的批量交易成为微软业务增长的核心，盖茨开始全力拓展这项业务。他如超人一般孜孜不倦地努力着，乘飞机穿梭于全国各地拜访客户，推销产品。他会以“刚好及时”的原则安排工作，飞机舱门关闭前几分钟他才登上飞机。请注意，这种做法并不是他个人效率低下或日程安排混乱的表现——相反，盖茨只是不想在无关的事情上浪费一分钟，比如在机场闲逛。

向原始设备制造商推销软件的经历把盖茨锻炼成了一位老谋深算的谈判专家，他会严格审查合同条款，对客户可能试图偷偷夹带的任何对微软不利的条款都高度敏感。要知道那是 1975 年，盖茨才 20 岁，而且他的长相看起来比实际年龄还要稚嫩得多。有报道称，业内专业人士几乎都不相信站在他们面前的这位就是微软老板。但从智力上讲，他通常都是在场的所有人中最聪明的那个。他不仅对计算机科学有最深入的了解，而且在法律、商业、合同签订方面也非常精明。

虽然盖茨作为微软的首席销售代表四处奔波，但他仍然积极参与编程工作，孜孜不倦地检查程序员团队编写的所有代码，而这个团队还在不断扩大。他对细节的强烈关注让这些处于他严密监管之下的员工胆战心惊，也常常让他们感到烦恼。在 1986 年出版的《编程大师访谈录》（*Programmers at Work*）一书中，苏珊·拉默斯（Susan Lammers，她后来成为微软出版社的总编）采访了盖茨，采访期间谈到盖茨的编程方法以及他在微软程序开发中的作用。下面这些文字摘自盖茨的回答，这次采访的时间虽然比我们接下来要讲的事情晚几年，但也有助于我们理解其背景：

> 我做了两件关键的事情。第一件事是选择将何种功能放入程序中。要做到这一点，你必须对什么容易做、什么不容易做有一个合理的理解。你还必须了解你所追求的产品“家族”战略以及硬件方面的进展情况。
>
> 第二件事是我还致力于找出实现新功能的最佳方式，让软件又小又快。例如，我曾写过一份备忘录，关于如何设计和实现我们在 Excel 上使用的一个功能，即在每次屏幕发生变化后 Excel 都重新计算公式。
>
> 在公司成立后的头四年里，微软的所有程序我都参与了编写和设计。在所有最初的产品中，无论是 BASIC、FORTRAN、BASIC 6800 还是 BASIC 6502，没有一行我没有看过的代码。但是现在，我们公司有大约 160 名程序员，所以我主要负责产品和算法的审查。

很明显，盖茨深度参与了微软的编程活动，尽管他还有其他工作要做。在微软的第一个十年里，盖茨的参与过程先是从亲身编写和设计代码，然后逐渐过渡到评估其他程序员编写的代码，再到审查整个产品的基本原理和功能。在拉默斯这本书的引言中，我们注意到一些有争议的地方，这关系到盖茨的软件发明者的地位。就在拉默斯这本书出版的同一年，确实出现了这种争议。

《编程大师访谈录》的出版单位是微软出版社，这个出版社于 1984 年成立，旨在出版直接或间接支持使用微软产品的作品。该出版社第一批上架的图书是卡里·卢（Cary Lu）的《苹果麦金塔》（*The Apple Macintosh*）和彼得·诺顿（Peter Norton）的《探索 IBM 个人电脑》（*Exploring the IBM PC*）。两年后，该出版社出版了《MS-DOS 百科全书》（*MS-DOS Technical Reference Encyclopedia*），该百科全书是给程序员和计算机爱好者编写的一本重要参考书，这次出版的是众多版本中的第一版（下文会解释 MS-DOS）。这本书的序言概述了独立磁盘 BASIC（从软盘驱动器上运行的 BASIC 版本）的开发过程，强调了盖茨在阿尔伯克基的一家酒店里仅凭一支笔和一个黄色便笺本进行了连续五天的努力。然而，在《拼搏：比尔·盖茨与微软公司的崛起》一书中，华莱士和埃里克森指出，独立磁盘 BASIC 实际上是 1977 年由马克·麦克唐纳（Marc MacDonald）开发的。麦克唐纳读了该百科全书中相关内容后写信给盖茨，愤怒地指出了这一事实。华莱士和埃里克森也提到该百科全书后来的版本对此进行了修改，新版本更加明确了麦克唐纳的努力。例如，1988 年版是这样写的：

> 独立磁盘 BASIC 由马克·麦克唐纳设计和编码，

> 包含了一个叫作 FAT 的文件管理方案，或称文件分配表，它使用链表来管理磁盘文件。FAT 诞生于麦克唐纳和比尔·盖茨之间的一次讨论，FAT 将磁盘分配信息保存在一个位置，通过“链式”引用指向磁盘上的实际存储位置。后来这种文件管理策略因快速而灵活的特性被用于 8086 芯片的独立 BASIC 版本，并最终通过一个名为 M-DOS 的操作系统成为 MS-DOS 文件处理例程的基础。

我们得知曾有过这样的修改后，并不一定要把最初的说法看作是彻头彻尾的造假。相反，我们可以从盖茨身边滋生的个人崇拜的角度来解读它。20 世纪 70 年代，这种对盖茨的崇拜出现在微软员工和计算机爱好者的圈子里，但到了 20 世纪 80 年代和 90 年代已传播到更广泛的商业领域，甚至传播到普通公众之中。盖茨被视为新型企业家的典范，是数字时代的王者。当一个人受到如此赞美和关注时，失真的传记可能会更引人入胜。另一个问题是，这种失真实际上可能会导致人们不去关注主人公取得的巨大成就。

1979 年初，随着微软的扩张，阿尔伯克基市已经不适合它，于是盖茨和艾伦把公司搬到了西雅图市。此举对许多微软员工来说是件大事。盖茨后来解释说，“我花了很长时间劝说大家接受这个想法”，大家都被说服了，除了“我的秘书米里亚姆·露宝（Miriam Lubow）”。用盖茨的话来说，那些去了西雅图的人成了“核心团队”。此外，去西雅图的举动为公司聘用更多的人才提供了充分的条件，微软的未来将建立在这些人才之上。

因此，把公司迁到西雅图是一个明智的选择。当然，另一个目的地本来也可以是加利福尼亚州正在形成的硅谷，那里是数字创新的新中心。毫无疑问，从个人层面上讲，西雅图对盖茨很有吸引力，因为那里距离盖茨的家人更近，但之所以选择西雅图关键还是出于招聘的需要。盖茨曾指出，“在硅谷，每个人在 18 个月内都会换工作”。而通过搬迁到西雅图，微软可以建立并维持一个稳定且有才华的团队。他们搬进了位于贝尔维尤（Bellevue）的旧国家银行大楼，在 8 楼的新办公室里安顿下来。鉴于这时候微软的年收益已经超过 100 万美元，有能力投资一台高端计算机系统了，于是公司买了一台功能强大的 DECSYSTEM-20 大型机，花费了大约 25 万美元，提升了公司的内部数字能力。

上面提到的核心团队中有两个人值得介绍一下。尽管微软发展迅速，但它在搬到西雅图的时候还是一家很小的公司——1979 年初只有 16 名员工。这个团队中包括几个关键的技术大咖，比如程序员史蒂夫·伍德（Steve Wood）和阿尔伯特·朱（Albert Chu），他们在微软的第一个任务是一起为8080芯片编写FORTRAN代码。1977年，伍德接替理查德·韦兰成为微软总经理，但盖茨和艾伦在公司扩张过程中仍承担了太多的责任。

公司另一个重要成员是米里亚姆·露宝。与其他微软员工不同的是，露宝并没有数字技能。事实上，她甚至从未听说过“软件”这个概念。相比之下，她贡献的是出色的组织能力、对年轻人的理解、爱心和处理各类行政事务的能力。1977年，史蒂夫·伍德聘用了她，希望她能直接与盖茨共事，旨在使这个年轻而混乱的公司保持秩序。

露宝与盖茨的第一次碰面既令人难忘又发人深省。刚上班不久的一天早晨，她注意到一个穿着运动鞋和牛仔裤的年轻人，头发乱蓬蓬的。此人走过她的办公室进了旁边的微机室。史蒂夫·伍德曾告诉过她只有获得授权的员工才能进入微机室。她急忙去找史蒂夫·伍德并对他说：“看，史蒂夫，有个孩子跑进去了，他在微机室里，他在工作，就像这地方属于他似的。”史蒂夫·伍德说：“嗯，你说得对，确实属于他。他是你老板。他是总裁。”

尽管第一次碰面并不顺利，但露宝却成了盖茨乃至整个微软团队的重要助手，大家都把这个睿智而细心的女人视为办公室“妈妈”。对盖茨来说，她的价值尤其高，她不仅为盖茨安排了大量的日程和行政任务，而且在很多方面扮演了一个母亲的角色，确保盖茨穿着得体、吃饭吃饱，让他那机智、敏捷的头脑保持基本的健康并按时休息。她拒绝搬到西雅图，这对盖茨来说是令人遗憾的损失，尽管后来史蒂夫・伍德的妻子马拉（Marla）接替了她的职务。

在即将迁往西雅图之际，微软聘用了另一个重要人物，他就是本书前面曾提及的另一个“史蒂夫”——盖茨在哈佛时的老朋友史蒂夫・鲍尔默。聘用鲍尔默是为了推动公司的商业扩张。离开哈佛后鲍尔默曾在宝洁公司（Procter & Gamble）做过两年助理产品经理，然后去了斯坦福大学攻读工商管理硕士。他没有继续攻读更高的学位，因为盖茨说服他去了微软。

鲍尔默的到来非常及时。微软的收益不错而且有望实现更快的增长。该公司的客户包括一些当时世界上最大的计算机和电子公司——苹果、康懋达、通用电气、英特尔、睿侠、坦迪以及德州仪器。微软在国际业务上的惊人增长也刚刚开始。微软最大的机会之一是进军对科技友好的日本市场。盖茨和艾伦与一个性格怪异、精力充沛的日本人西和彦（Kazuhiko Nishi）合作。西和彦与冢本圭一郎（Keiichiro Tsukamoto）于 1977 年创立了 ASCII 公司，西和彦是该公司的负责人。西和彦和盖茨性格一模一样，他痴迷于电脑，为实现抱负无所畏惧，并且有着极强的企业家精神。在与盖茨讨论之后，西和彦于 1978 年成立了 ASCII 微软公司（ASCII Microsoft），该公司实际上是微软在日本的代理商。西和彦在这个职位上取得了巨大成功，他使微软和 ASCII 双方都获得了巨额利润。他促成了微软的一项具有里程碑意义的国际合同，即为日本科技巨头日本电气股份有限公司（NEC Corporation，NEC）的 8001 型个人电脑提供软件，该电脑实际上是日本第一台国产微型计算机。这笔交易让微软牢牢控制了东亚个人电脑市场的未来增长。仅 1980 年，ASCII 就通过授权 Microsoft BASIC 赚取了 12 亿日元，并将其年收益的 40% 给了微软。

微软在国际市场上的增长并不仅限于日本。它与荷兰的飞利浦公司（Koninklijke Philips N.V.）、英国的国际计算机有限公司（International Computers Limited）、法国的 R2E 科技公司 E（Réalisation d' Études Électroniques）等公司都签订了原始设备制造商（Original Equipment Manufacture，OEM）合同。1980 年 11 月，微软与总部位于比利时哈斯罗德市（Haasrode）的维克多国际（Vector International）签约，该公司成为微软在欧洲大陆的代理商。

微软正在经历令人目不暇接的变化，这个节奏与盖茨精力充沛的个性非常吻合。盖茨希望微软能在个人电脑行业占据主导地位。该公司早期有一句自信的座右铭："我们设定标准。”盖茨的策略不是紧跟别人，而是快速定义和发展这个行业，让别人在后面拼命追赶，但因为有一定程度的创新，别人几乎无法追上。为了实现这一目标，盖茨培养了一种高强度、长时间工作的企业文化，让所有在微软工作的人身心疲惫。他们甚至没有享受到高工资。作为回报，他们得到的是行业中智力最强、技术最新的工作场所。

尽管盖茨可能令人敬畏，但对许多员工来说，他也是一个英雄，大家努力效仿他快速高效的风格。他开车也和工作一样快。大约在这个时候，盖茨买了一辆保时捷 911 跑车，他将这辆最高时速 225 千米的跑车开到了极限。（事实上，有一次他回到汽车经销商那里抱怨说他只能开到每小时 201 千米，所以这车没有广告宣传得那么快。）一位员工回忆说：“他去任何地方的车速都不会低于每小时 80 英里[1]。”对速度的渴望，再有保时捷的加持，让盖茨多次遭遇险情，超速被罚，甚至被逮捕——有一次他支付了 1000 美元的保释金才被放出来，但无论社会制定了什么样的法律框架，似乎没有什么能让他慢下来。

---

❶ 1 英里≈ 1.61 千米。——编者注

走近蓝色巨人

回顾20世纪70年代末和80年代初的计算机行业，有一家公司占据核心位置，实力超群，它就是国际商用机器公司（IBM）。从20世纪60年代开始，IBM已成为全球计算领域的巨头，在大型机领域垄断了80%的美国市场和70%的全球市场。鉴于IBM在科技行业中的地位，它也被比喻为“白雪公主”，而七个小矮人则分别是数机公司Burroughs、通用计算机公司（UNIVersal Automatic Computer，UNIVAC）、安迅公司、控制数据公司（Control Data Corporation）、霍尼韦尔公司、通用电气公司和美国无线电公司（Radio Corporation of America，RCA）。这些公司本身都是大公司，只是相较于IBM的霸主地位来说显得很小。IBM也被称作“蓝色巨人”（Big Blue）。

盖茨知道，如果微软能以某种方式将自己的软件产品与IBM的硬件结合起来，那将会改变游戏规则。但直到20世纪70年代末，IBM在计算机行业中与微软都不在一个层次上，二者的商业文化也不同。IBM专注于为大型客户提供大型主机。它是一个最有公司做派的公司，穿着西装革履的员工通过层层等级和正式流程往上晋升。微软则与之相反，它规模小、脏乱差、不正式、无条理，专注于新兴的个人电脑市场。

但是IBM看到了世界正在发生的变化，很快就明白了真相——IBM 必须加入个人电脑的发展浪潮，否则就太迟了，会被淘汰出局。所以，“蓝色巨人”决定打造自己的个人电脑，该项目在绝密状态下进行，内部称为“国际象棋计划”。IBM 打破传统的做法是它没有全靠自己来打造个人电脑，而是选择由第三方供应商来提供大部分组件，由 IBM 组装。所以，IBM 也需要软件。

尽管微软引领了行业潮流，但它不能停歇，在越来越多的对手涌入个人电脑市场的情况下，它需要找到新方法，抓住新机遇。例如，英特尔推出了新的 8086 芯片，该芯片提供了更快的速度和更高的能力，可以运行更大的程序。微软有一个名叫鲍勃·奥瑞尔（Bob O' Rear）的程序员，他通过模拟 8086 架构开发了 8086 BASIC。但为了正确测试软件，他需要与西雅图电脑产品公司（SCP）的程序员蒂姆·帕特森（Tim Paterson）进行合作。这家公司的老板是罗德尼·布洛克（Rodney Brock），他也认识盖茨。帕特森已经制造了一个 8086 CPU，所以奥瑞尔可以用这个硬件来测试自己的程序是否可以运行，测试结果是确实可以运行。8086 BASIC 随后引起了计算机类刊物的大量关注。然而，后来微软和 SCP 公司之间的关系并不是携手共进走向光明……

随着个人电脑行业的进一步的发展，盖茨、艾伦以及微软的其他人都发现应用软件前景可期，其他公司在这个领域已经抢先一步。有两款相互竞争的产品特别让盖茨恼火。第一款软件叫作 VisiCalc（意思是“可视计算器”），它是由软件工程师丹·布莱克林（Dan Bricklin）开发的一款电子表格财务程序。VisiCalc 运行在 Apple Ⅱ电脑上，是 Apple Ⅱ电脑大获成功的关键因素之一。另一款软件叫作 WordStar，是国际微处理机公司（MicroPro International）开发的用在 CP/M 操作系统上的文字处理程序。CP/M 操作系统是由数字研究公司（Digital Research Inc.）的加里·基尔达尔（Gary Kildall）开发的。数字研究公司也是一家在后来的微软故事中有争议的公司。1980 年 3 月，卫星软件国际公司（Satellite Software International，SSI）发布了一款名字古怪的文字处理器，叫作 SSI*WP，到 20 世纪 80 年代初，这款产品演变成了很有影响力的软件 WordPerfect。

在上述软件产品以及众多其他产品的刺激之下，1979 年，微软开始集中精力开发能与之匹敌的应用程序，并成立了消费者产品部（Consumer Products Division），该部门由盖茨的朋友弗恩·拉伯恩（Vern Raburn）领导。盖茨还聘请了史蒂夫·史密斯（Steve Smith）做营销总监兼业务经理，此人原来在泰克公司（Tektronix）工作。史密斯很快证明了自己的价值，经他和盖茨共同努力，微软与施乐公司（Xerox）达成了一份价值 15 万美元的协议，约定由微软为施乐公司的新款个人电脑提供独立磁盘 BASIC。

微软的另一个机会是开发操作系统，而不仅仅是编程语言。基尔达尔的微型计算机控制程序（Control Program for Microcomputers，CP/M）操作系统当时在个人电脑世界处于主导地位。但对苹果电脑来说不是这样。困扰盖茨和艾伦的一个事实是 Apple Ⅱ使用自己的 6502 芯片和自己的操作系统，因此无法接受微软的产品。然而，艾伦想出一个办法，就是制作一个扩展卡，苹果用户可以通过它来运行 CP/M 程序。这种卡被称为“软卡”（SoftCard），是微软涉足硬件领域的第一款产品。1980 年夏天开始发售时，这款产品卖得非常好。大约是在这个时候，盖茨还与美国电报电话公司（American Telephone and Telegraph Corporation，AT&T）达成了一项协议，该公司将其 UNIX 操作系统授权给微软，微软再以 XENIX 这个品牌对外销售。

现在我们回来继续说 IBM。碰巧盖茨的母亲玛丽认识 IBM 的总裁约翰 · R. 欧宝（John R. Opel）——二人都在“联合之路”慈善机构的董事会做事。玛丽和欧宝讨论了她儿子的工作，欧宝感觉有合作的可能性。IBM 联系了盖茨，在签署了 IBM 公司令人敬畏的保密协议（Non Disclosure Agreement，NDA）后，盖茨作为潜在的供应商了解了“国际象棋计划”。

两家公司的高管之间进行了一系列秘密会议，IBM 的代表团由杰克·萨姆斯（Jack Sams）率领，为掩人耳目，他所在部门被命名为“独立业务组”（Independent Business Unit，IBU）。很明显，微软擅长开发和交付语言软件，但 IBM 还需要一个操作系统。IBM 最初以为微软对 CP/M 拥有权利，但事实并非如此。更关键的是，CP/M 的当前版本也不兼容 IBM 计划在其电脑上使用的 16 位英特尔 8086 芯片。

盖茨与基尔达尔的关系现在成了微软与 IBM 交易成败的关键。盖茨和基尔达尔在知识上和工作上保持着多年的联系，但随着 1979 年数字研究公司开始把 BASIC 语言打包到自家操作系统中，这种联系有所削弱。华莱士和埃里克森称之前两家公司曾有一个“不成文的协议”，即微软不开发操作系统，数字研究公司也不进军语言领域，据称后来基尔达尔不承认这个协议了。就算这个协议真的存在，到了 20 世纪 80 年代初显然也已经破裂了，但由于 IBM 正在寻找一个操作系统，所以盖茨安排了 IBM 的萨姆斯带领他的团队去与基尔达尔谈判。

随后发生的一些事情扑朔迷离，充满争议，但对盖茨和微软来说意义重大。主流的说法是这样的：IBM 的谈判代表飞到了加利福尼亚州的帕西菲克格罗夫市（Pacific Grove），准备谈判。然而，基尔达尔没到场，也可能只是开始没到场。华莱士和埃里克森描述了双方的不同说法。基尔达尔的说法是：谈判的开始阶段他没参加，而是让IBM代表与他的妻子兼商业伙伴多萝西·麦克尤恩（Dorothy McEwen）以及他团队中的主要成员接洽。基尔达尔后来也加入了谈判，而且一切进展顺利，并同意向IBM提供CP/M操作系统。但IBM的萨姆斯却有截然不同的说法，他说基尔达尔根本没有出席会议，麦克尤恩和她的律师拒签保密协议，因此IBM代表空手而归。不管真相如何，有一点是可以肯定的，就是IBM最终没有继续推进与数字研究公司的合作，而是把开发IBM操作系统的工作交给了微软。

现在，盖茨和艾伦必须完成这项工作。他们再次求助于SCP公司的蒂姆·帕特森。当时帕特森因为等不及数字研究公司为8086芯片开发操作系统，就自己编写了一个版本，称为86-QDOS（后来叫86-DOS）。"QDOS"承认了该软件是一个"快速而肮脏的操作系统"（Quick and Dirty Operating System）。盖茨意识到他可以从86-QDOS获得授权，从而为微软节省漫长的编程时间。盖茨问萨姆斯："你买QDOS，还是想让我买？"这是商业史上一个引发蝴蝶效应的瞬间。萨姆斯回答说："当然是你买了。"萨姆斯当时并不知道，他的回答让盖茨走上了成为世界首富的道路。

在微软和IBM漫长的谈判过程中，1980年9月30日是个关键的日子。这天，盖茨、鲍尔默和奥瑞尔三人飞往佛罗里达州的博卡拉顿市（Boca Raton）与IBM的高管小组会面并提交微软的最终计划。盖茨意识到这是一次至关重要的会议，所以他提升了自己的着装风格——在开车从迈阿密机场去 IBM 办公室的路上，他绕道去买了一条领带，不过微软团队也因此迟到了。

IBM 董事会的会议室中气氛紧张，两家公司开始讨论这笔交易。简而言之，微软将为新的 IBM 个人电脑提供软件和操作系统。对微软来说这是一个风险很大的项目，因为 1980 年 11 月签订合同，到 1981 年 1 月该公司就要向 IBM 提供该操作系统和相关的 BASIC。

所有这些工作都是在严格保密的状态下进行的，在两家公司内很少有人知道交易细节，了解此事的外人就更少了。SCP 就是一家对此交易不知情的公司，该公司知道微软将要签下一个新的个人电脑客户，但不知道这个客户是显赫的 IBM——世界上最大的计算机公司。SCP 签署了允许微软将 86-DOS 再授权的协议。考虑到微软正在做的事情，协议金额相当低。SCP 将在签署合同时获得 1 万美元，以后每次再授权将获得 1 万美元，如包含源代码则额外获得 5000 美元。因此，微软把 86-DOS 再授权给 IBM 将赚一大笔钱，而 SCP[1]

[1] 原文为 SCM，根据上下文推测应为作者笔误，已改为 SCP。——译者注

公司最多只能从这笔交易中获得 2.5 万美元。

微软与 SCP[1] 的协议直到 1981 年 1 月初才签订，接下来的任务繁重，时间表已经紧张到了不现实的地步，盖茨感到了压力。由于项目复杂性在增加，尤其是 IBM 频繁提出的额外要求，导致微软连续几次出现了逾期。随着工作量加大，微软聘用了更多程序员，到 1981 年 6 月，公司员工数量达到了 70 人左右。这些程序员中包括才华横溢的美籍匈牙利裔软件设计师查尔斯·西蒙尼（Charles Simonyi），他后来当上了微软应用程序部门的负责人。

尽管 IBM 想保密，但与该项目的细节还是被逐渐泄露了，也被 SCP 的老板罗德尼·布洛克知道了。布洛克很是气愤，但他生盖茨的气还有一个原因，那就是微软从 SCP[2] 挖走了蒂姆·帕特森。到 1981 年 7 月，两家公司之间的纠葛有了一个了断，盖茨设法说服了布洛克以 5 万美元的价格将 86-DOS 卖给了微软，微软同意将 DOS 反过来授权给 SCP 并向其提供更新版本。布洛克签了字，心想现在微软能更好地推动 DOS 向前发展，但事实证明，对他来说这是一次决定命运的签字。

---

❶ 原文为 SCM，根据上下文推测应为作者笔误，已改为 SCP。——译者注

❷ 同❶。——译者注

1981 年 8 月 12 日，IBM 终于推出了运行 PC-DOS 1.0 操作系统的“个人电脑”（命名方式很缺乏想象力）。值得注意的是，微软将该软件称为 MS-DOS，仍然能够向其他原始设备制造商出售 DOS。微软也向 IBM 提供了 BASIC、COBOL、PASCAL 语言以及其他一些软件（比如 Microsoft Adventure 游戏）。MS-DOS 漫长而坎坷的发展历程才刚刚开始，但很明显盖茨、艾伦和他们团队已经做成了一笔大生意。很快 IBM 个人电脑的月销量高达 4 万台左右，每台都安装了微软的软件。与此同时，在 MS-DOS 发布的前 16 个月里，微软将其授权给了其他 50 家硬件制造商。这种销售洪流很快转化为利润。到 1981 年底，微软的年收益达到 1600 万美元；1982 年，这个数字上升到 2450 万美元；1983 年，5000 万美元；1984 年，9740 万美元，此时微软公司已拥有 600 多名员工（1981 年秋天，该公司不得不迁往华盛顿湖附近更大的办公场所）。

随着公司的壮大，其结构也进行了调整。1981 年 6 月 25 日，微软成为华盛顿州的一家股份不公开公司，这意味着员工和投资者都可以成为这家明显拥有光明未来的公司的股东。盖茨在领导层中担任总裁兼董事长，艾伦担任执行副总裁。微软的三位领军人物盖茨、艾伦和鲍尔默分别持有公司 51%、30% 和 7.8% 的股份。艾伦对微软的贡献是非常大的，但公司的掌舵人是谁很明显。

企业家们领导年轻的企业取得了成功，他们往往会在企业的某个成长阶段重新定义自己的角色。尽管他们不愿放弃对公司日常运营的全面掌控，但都会面对一个现实：他们创立的公司现在太大了，无法由一个人有效管理，无论这个人的能力多么强大。盖茨现在就遇到了这种情况。盖茨在技术开发和产品销售方面很有优势，但在企业日常经营方面（这也是很重要的方面），他却无法面面俱到，比如严格地记账。因此，在 1982 年夏天，鲍尔默说服盖茨聘请了泰克公司（Tektronix）的前高管詹姆斯·汤恩（James Towne）担任公司的新总裁。

从各方面看，汤恩与盖茨都迥然不同。他的年龄几乎是盖茨的两倍，有妻子和孩子。他们的工作节奏完全不同——汤恩早早就到了办公室，并在合理的时间离开，而盖茨经常很晚才到，但几乎是通宵工作。从一开始这两个人似乎就注定要发生冲突。据说，最让汤恩受不了的是盖茨和鲍尔默这俩夜猫子经常在凌晨会面并做决定，而这个时辰汤恩正在家里和妻儿睡觉。1983 年，汤恩离开了微软，盖茨接替他再次成为总裁。

这时与盖茨关系紧张的人不仅仅是汤恩，盖茨与艾伦一起工作时的气氛也经常很紧张。盖茨和艾伦都曾谈过微软的发端及之后的故事。下面这段话摘自 1993 年的一次采访，盖茨讲述了在公司在数字领域初露锋芒时二人共有的兴奋之情：

> 我们当时真的预见到，在信息时代，以微处理器为基础的个人电脑，在优秀软件的配合下，可以成为一种终极工具，它不仅仅可以处理文本，还可以处理数字、图片，最终甚至可以做视频处理等高难度的事情。这也是保罗·艾伦和我到处演讲的主题，我们总是说电脑能做的事情是无限的。我们把这种演讲称为“MiPs 到月球”演讲。(“Million Instructions Per Second，MiPs”指的是每秒百万指令，是计算能力的近似度量。) 电脑性能将是无限的，所有这些不可思议的事情都会发生。至于各种事情会在什么时候发生，我们的演讲没有给出太具体的时间。当然，当我们回到公司时，我们必须决定优先要做的事。但是，未来有无限可能。无论我们走到哪里，我们都想让每个人感受到我们的这种兴奋。

盖茨对艾伦的爱和敬重在上面这段话中表现得清清楚楚。但是，在某些重要的时期，二人之间也有过激烈的冲突。2011 年，艾伦在其很有深度的回忆录《谋士：微软联合创始人回忆录》(*Idea Man: A Memoir by the Co-founder of*

Microsoft）中解释了这些冲突的本质。在书中，艾伦自己指出，他对盖茨坚持拆分公司所有权感到不满。但在 20 世纪 80 年代初，一切都变了。1982 年，艾伦在出差时生病了。随后的医学检查发现他患有非霍奇金淋巴瘤，这是一种癌症。当时这种病已经可以治疗，但患病让艾伦突然有了更重要的事情要做，而不是与盖茨和微软斗争。

实际上，在艾伦的病情确诊后，俩人之间的分歧似乎加剧了。艾伦回忆说，1982 年 12 月，他无意中听到盖茨和鲍尔默在盖茨的办公室里气呼呼地谈话，这两个人当时正在谈艾伦最近对公司缺乏贡献的问题。艾伦这样描述："他们在讨论如何才能通过向自己和其他股东发行期权来稀释我在微软的股权。很明显，他们考虑这个问题已经有一段时间了。我再也无法忍受了，于是冲进去对他们嚷道'这太不可思议了！这彻底暴露了你们的真实本性'。我虽然是在跟他们两个人说话，但眼睛一直盯着盖茨。他们被当场抓住，吓得哑口无言。他们还没来得及做出回应，我就转身离开了。"艾伦认为这是"赤裸裸的唯利是图，乘人之危"。1983 年，艾伦即将离开微软，但他坚持了自己的要求。盖茨提出以每股 5 美元的价格购买艾伦的微软股权，但艾伦拒绝了，他坚持要 10 美元。盖茨不愿出这个价，所以艾伦保留了自己的股权，离开了公司。这个决定最终使艾伦成了亿万富翁，也是世界上最富有的人之一。离开微软之后，他的职业生涯充满创新，令人惊叹，但他于 2018 年死于非霍奇金淋巴瘤。

艾伦的这本回忆录可能会让他与盖茨之间的友谊纽带绷得更紧，但他们根深蒂固的友情从未彻底破裂。2011 年 3 月盖茨在接受《华尔街日报》(*The Wall Street Journal*) 采访时解释说："虽然我对那些事件的回忆可能与保罗不同，但我珍视我们之间的友谊以及他对科技界和微软做出的重要贡献。"这两个人迟早会和解，尽管那是多年之后的事。回顾过去，他们的友谊在温室里生根发芽，在青春激情的推动下成长，却无疑受累于长时间工作造成的精神副作用。盖茨当然是一个专注于效率最大化、产出最优化的人，因此可能看起来冷酷无情。但同样显而易见的是，在未来的岁月里，微软也需要他那明察秋毫的双眼。

BILL GATES

第三章
开启视窗

1986 年 3 月 13 日，微软以每股 25.75 美元的价格挂牌上市，随后股价不断飙升。一年后，每股涨到 90 多美元，持有微软 49% 股份的盖茨也由此成为亿万富翁。显然，微软正在壮大，但盖茨实际上对微软上市持谨慎态度。他担心的是，许多持股员工会立即成为百万富翁，或者至少变得非常富有，企业文化会因此突然变得不那么勤奋，然后可能失去竞争优势。同样值得注意的是，上市信息披露盖茨的年薪为 13.3 万美元，远低于大公司首席执行官的一般薪酬。

不管盖茨努力工作的动机是什么，总之不会是增加自己的银行存款。1987 年，年仅 31 岁的比尔 · 盖茨已跻身亿万富翁行列。（要考虑到通货膨胀因素，1987 年的 1 美元相当于 2023 年的 2.66 美元。）他已经赚得了惊人的个人财富，成为史上最年轻的亿万富翁。

盖茨在他 31 年的人生中的确成就了很多事，但他在财富阶梯上的步步高升才刚刚开始。1995 年至 2017 年，除了 2010 年至 2013 年，比尔 · 盖茨都是这个星球上最富有的人，直到2018年才被杰夫·贝佐斯取代。同时他也是世界上最有影响力的人之一。通过微软，盖茨几乎实现了自己的愿望：在发达国家，每个家庭、每个办公室都有一台运行微软软件的电脑。

我们已经回顾了盖茨的童年时代、青年时代，以及微软的初创岁月。接下来我们将讲述20世纪80年代和90年代的故事。这是盖茨商业生涯中决定性的二十年，这一时期微软在计算机软件领域取得了全球主导地位。人们对盖茨的赞美将从非常成功的年轻商人变为创业之神。1995年6月5日出版的《时代》(*Time*)杂志在其封面上完美地展现了盖茨的成就及其公众形象。这一年，盖茨的公司发布了颠覆性的Windows 95软件。封面照片中的比尔·盖茨显得十分自信，他举着右手，拇指和食指之间被添加了一个闪电图形。照片旁边的大字标题是“宇宙的主宰”。盖茨俨然就是一位数字之神，拥有神一样的创造力，这不禁让人联想到米开朗琪罗的画作《创造亚当》。而且，杂志封面上还有两句提醒的话：“比尔·盖茨征服了全世界的计算机之后，又把目标对准了银行、电话公司，甚至好莱坞。他的人生是拼搏的人生。”尽管这个封面看起来有些煽情或谄媚，但在1995年，在这个星球上盖茨的软件实际上已经成为知识和商业的数字门户。不过，正如最后那句话所暗示的一样，未来不会一帆风顺，盖茨的能力再强也是如此。

软件爆炸

20 世纪 80 年代初，微软在 MS-DOS 和语言领域生意兴隆。但是，盖茨的眼睛不断地扫视着地平线上新出现的威胁和机遇。他发现行业的未来在于应用软件，也就是能够完成工作的程序。这意味着客户群体发生了变化。盖茨不再把目光瞄准核心技术人员，而是转向普通民众。正如他向一名程序员解释的那样：他想让软件变得更容易使用，甚至达到他母亲都能使用的地步。

这种看似仁慈的想法实际上对竞争对手来说意味着持续的无情打击。盖茨的愿望不仅仅是在群雄逐鹿中脱颖而出，而且他还想把竞争对手赶出市场，或者至少把让它们成为手下败将。微软的当务之急是打败数字研究公司（该公司仍在开发与微软竞争的 CP/M 操作系统）、VisiCorp 软件公司（电子表格程序 VisiCalc 的制造商）、国际微处理机公司（文字处理程序 WordStar 的制造商）和科立尔公司（文字处理程序 WordPerfect 的制造商）。不久之后盖茨的这个名单上又多了其他公司。另外苹果公司也是个问题。苹果公司于 1980 年隆重上市，该公司为公众提供了微软之外的另一个选择，其产品很吸引人，而且日益变得时尚。

在微软，盖茨任命查尔斯·西蒙尼领导应用软件研发工作。西蒙尼是施乐公司（Xerox）帕洛阿尔托研究中心（Palo Alto Research Center，PARC）的创始人之一，该中心是一家位于加利福尼亚州帕洛阿尔托市（Palo Alto）的数字研发公司。西蒙尼完全赞同盖茨的预测，即微软未来在应用程序市场的收益将发生巨大变化。但在财源滚滚而来之前，微软还需扫除很多障碍。

这一时期的主要软件战场是电子表格程序和文字处理程序。微软在该领域的第一个重大突破是 1982 年发布的电子表格程序 Multiplan。设计 Multiplan 是为了与 VisiCalc 竞争，当时 VisiCalc 在 IBM 电脑上卖得很好。但事实证明，这场战斗微软找错了对手。1983 年 1 月，Lotus 1-2-3 的发布轰动一时，这是一款由莲花软件开发公司（Lotus Development Corporation）精心设计的高效电子表格程序。让微软感到麻烦的是，客户们认为 Lotus 1-2-3 比微软的 Multiplan 好得多。Lotus 1-2-3 更直观，功能更强大，运行速度更快，它完全是针对 IBM 个人电脑设计的，而微软的产品则是为多种硬件平台设计的。这时候已经很明显，IBM 个人电脑将成为个人电脑的行业标准。康柏计算机公司（Compaq Computing Corporation）等新兴企业从 1983 年开始通过合法逆向工程生产 IBM 兼容机，取得了惊人的成功。

兼容机的成功在很大程度上仍有利于微软盈利，因为这意味着 MS-DOS 找到了一批新的忠实客户。到 20 世纪 80 年代中期，MS-DOS 已成为标准的非苹果操作系统；CP/M 操作系统实际上已经消失，淹没在微软的洪流中了。此外，Multiplan 也不能算是彻底的商业失败，因为它还是卖出了 100 多万份的。但最终它在市场上输给了 Lotus 1-2-3。据报道，这一结果让盖茨非常愤怒，他决心重新占据微软在该领域的统治地位。过了几年，微软才开发出一款世界一流的电子表格软件，这款软件让 Lotus 1-2-3 的辉煌成为历史。但在 20 世纪 80 年代初，微软还推出了一款王牌软件——Microsoft Word。

以西蒙尼和程序员理查德·布罗迪（Richard Brodie）为首的微软团队开发了 Word 这款软件。该软件于 1983 年春天对外公开展示，并于 1983 年 10 月 25 日正式发布。关于 Word 品牌的命名，这里需要重点说明一下。最初微软打算将该软件命名为“Multi-Tool Word”，让它与 Multiplan 一起构成 Multi-Tool 软件系列。但微软新任企业公关经理罗兰·汉森（Rowland Hanson）建议重新命名，他认为新名字应以一种更直接、更令人难忘的方式将产品和公司联系起来。于是 Microsoft Word 就诞生了。

此照片为微软公司首席执行官比尔·盖茨，拍摄于 1985 年。此时他的事业正蒸蒸日上，拍完这张照片两年后他成了亿万富翁。

在 1993 年的一次采访中，盖茨解释说，他想通过 Word 做一些“非常有前瞻性”的事情。微软在不久前聘用了西蒙尼的基础上组建了一个团队，该团队强烈关注图形界面以及图形界面与即将问世的新一代激光打印机之间的交互。盖茨说：“于是我们做出了一项设计，其底层结构已经为图形世界的到来做好了准备。”在屏幕上，Word 将以精确的布局显示斜体和粗体等文本特征。尽管当时的屏幕分辨率可能不够高，但激光打印机打印出来的内容将会很清晰，也能够反映屏幕上显示的内容。

盖茨知道 Word 成败的关键是什么，那就是“所见即所得”（What You See Is What You Get，WYSIWYG），意思是屏幕上显示的文档与打印出来的效果应该是一样的。Word 还具有与鼠标操作结合的下拉菜单以及创建样式模板功能。用户还可以同时处理多个文档。1985 年发布的 Word 2.0 还增加了单词计数和拼写检查功能。

Word 并非天生完美。要让这个软件达到所有关键性能指标，需要数千小时的工作和频繁的迭代。此外，早期的 Word 必须与当时两款流行的产品 WordPerfect 和 WordStar 竞争。Word 在 20 世纪 80 年代逐渐在市场上站稳了脚跟，但直到 1989 年至 1990 年才成为文字处理软件的领头羊。1989 年，微软发布了 Windows 版 Word。然后在 1990 年 5 月 22 日，微软发布了 Windows 3.0，这是新一代操作系统，在外观、速度、功能和内存管理方面都有大幅提高。Windows 3.0 取得了巨大的成功，第一年就卖出了 400 万份，好评如潮。为了充分利用这一优势，这一年微软为 Windows 3.0 推出了 WinWord 1.1。Word 和 Windows 的融合，加上 Word 不断增强的功能、实用性和用户友好性，这一切改变了文字处理软件市场的格局。直到 1991 年 WordStar 和 WordPerfect 才推出 Windows 版本，而那时微软已经通过积极的销售策略（比如随电脑杂志赠送免费试用盘）成为市场的领导者。

Excel 是微软的另一款“杀手级应用程序”，它具有灵活而直观的功能，与微软的其他生产力应用程序共同形成了一种“家庭氛围”。Excel 是微软对 Lotus 1–2–3 的反击，同时也是为了先发制人，打击莲花软件开发公司正在开发的新电子表格程序 Jazz，该程序是由苹果公司投资开发的。Excel 于 1985 年 5 月 2 日在纽约皮埃尔酒店（Pierre Hotel）发布。盖茨亲自主持了发布会，而且史蒂夫·乔布斯也出席了，因为 Excel 也是为苹果电脑设计的。（同样是在 1985 年，微软发布了苹果电脑版 Word，这样 Word 就兼容了苹果和微软两个平台，成为企业的首选。）在这次活动中，盖茨异常紧张，活动排练过程中出现的 Excel 崩溃更是加剧了他的这种紧张情绪。宣布 Excel 发布时他显得有些邋遢，因为他一晚没合眼，既没洗澡也没刮胡子。但当天的演示活动进行得很顺利，随后 Excel 受到了媒体的好评并且大卖特卖。最后，Excel 和 Word 一样超越了所有竞争对手，在接下来的五年里，它实际上消灭了莲花软件开发公司的 Lotus 1–2–3 和 Jazz。

在 Excel 发布两年后的 1987 年，微软在办公生产力软件市场发现了另一个机会。具体来说，它就是由 Forethought 公司软件工程师罗伯特·加斯金斯（Robert Gaskins）和丹尼斯·奥斯汀（Dennis Austin）开发的演示文稿程序 PowerPoint。Forethought 公司是位于硅谷的一家初创公司。1987 年 2 月，在凤凰城（Phoenix）举行的个人电脑论坛上，PowerPoint 作为一款苹果电脑上使用的产品公布于众，并于次年 4 月开始发售。

据微软应用程序部门的营销主管杰夫·雷克斯（Jeff Raikes）的说法，雷克斯当时提出演示文稿软件是一个市场机会，但盖茨起初对 PowerPoint 并不感兴趣。在微软开发者网络（Microsoft Developer Network）上有一段视频，标题为《微软的历史——杰夫·雷克斯的故事：第二部分》。该视频中雷克斯解释了他是如何说服盖茨看清形势的：

> 我想："用软件来做幻灯片，这是个好主意。"回来后见到比尔·盖茨，我说："比尔，我觉得我们真的应该这么做。"比尔说："不，不，不，这只是 Microsoft Word 的一个功能罢了，把这个功能放到 Word 里就行了。"……我一直劝他："不是的，比尔，这不仅仅是 Microsoft Word 的一个功能，这是人们做演示的一种风格。"然后，值得钦佩的是，他听取了我的意见，最终允许我继续说……后来微软收购了位于硅谷的一家名为 Forethought 的公司，其产品名为 PowerPoint。

微软以 1400 万美元的价格收购了 PowerPoint，这个收购价格反映了微软对于演示文稿软件的重视。1990 年 5 月 22 日，微软正式发布了 PowerPoint，与 Windows 3.0 同步发布。和 Excel 和 Word 一样，PowerPoint 后来成为微软最受欢迎的办公软件之一。1990 年 10 月，微软发布了 MS Office，将其最受欢迎的三个办公软件——Word、Excel、PowerPoint 捆绑在一起，为苹果和 PC 用户提供了一个必备的软件包。随着时间的推移，微软的多个其他产品（如 Outlook 电子邮件软件）也将被捆绑到 Office 中，以增加其吸引力。在 21 世纪头十年的大部分时间里，Office 在电子邮件和创作软件市场上占有超过 80% 的份额。不过，最近几年，Office（Office 365）受到 Google Workspace 等云服务的冲击，失去了相当大的市场份额。

图形界面——从施乐帕洛阿尔托研究中心到 WINDOWS 1.0

今天，人们使用电脑鼠标几乎和使用自己的手一样熟练。然而，在 20 世纪 80 年代，鼠标还是人机界面领域的一个大胆创新。虽然鼠标的前身可以追溯到 20 世纪 40 年代，但第一批实用的鼠标设备出现在 20 世纪 60 年代。20 世纪 70 年代，个人电脑鼠标设备的真正先驱是施乐帕洛阿尔托研究中心。

该中心的确是现代计算机技术的奠基者之一，这样说不仅是因为鼠标，还因为图形用户界面（GUI）。图形用户界面对比尔·盖茨和微软的故事来说至关重要。

除非你过着与世隔绝的生活，否则你会对图形用户界面很熟悉。它是指一系列的交互式图标，通常伴随有音频。这些图标使我们能够直观地在计算机上进行浏览，只需要点击图标就可以操作程序。1973 年，施乐公司推出第一台个人电脑——施乐阿尔托（Xerox Alto）。该电脑带有一个图形用户界面和一个简陋的鼠标。但第一家将图形用户界面商业化并充分挖掘其潜力的公司是苹果。

施乐帕洛阿尔托研究中心和苹果公司之间的技术交流始于 1979 年。1983 年，苹果公司发布了带有图形用户界面和鼠标的 Apple Lisa 电脑。这款电脑随后被更快、更便宜的苹果麦金塔（Macintosh）电脑所取代。麦金塔的影响力丝毫不亚于微软推出的任何产品。1984 年 1 月 22 日第 18 届超级碗比赛期间，苹果首次给麦金塔电脑做电视广告，这条广告是有史以来最令人难忘的视觉广告之一。广告的名字叫《1984》，是雷德利·斯科特（Ridley Scott）导演的，播出期间有数百万人观看。广告中，一位体魄强健的年轻女子将一把大锤抛向灰色的屏幕，屏幕上的人物正在向沉默的观众灌输思想。苹果通过该广告要传递的寓意是麦金塔电脑将在计算机领域打破旧藩篱，开拓新视野。

盖茨和微软在苹果麦金塔电脑的开发过程中发挥了不可或缺的作用，盖茨自己曾说：

> 史蒂夫·乔布斯走过来和我们谈了他正在做的麦金塔电脑，这时候最值得说的事情发生了。他请我们为那台电脑开发一系列应用程序。因为我们有研究施乐图形界面的经验，所以我们对这个计划感到非常兴奋……我们没有在 DOS 平台上真正对 Lotus 1-2-3 发起攻击，而是决定专注于图形版本，并在麦金塔系统和 Windows 上展开这场战役。如果我们对图形界面的看法是正确的，那么我们在某种程度上就会领先一代。所以微软和早期的麦金塔团队的合作非常密切。我们是他们的测试小组。他们没有测试人员。我们帮助苹果打造了那台电脑的很多功能。

盖茨显然是麦金塔电脑的热情拥护者，但通过上面引用的这段话，我们也可以看出麦金塔电脑实际上充当了微软图形用户界面的试验台，其后果很快就会显现出来。

让我们把时间退回到 1983 年 10 月，那时候比尔·盖茨与史蒂夫·乔布斯的关系、苹果和微软的关系都很好。那个月，乔布斯给苹果员工开了一个备受瞩目的销售会议。为了让会议更加轻松活泼，乔布斯在“麦金塔软件约会游戏”中扮演了主持人的角色，这个游戏有三位特邀嘉宾：软件出版公司（Software Publishing Co.）的弗兰克·吉本斯（Frank Gibbons）、莲花软件开发公司的米奇·卡普尔（Mitch Kapor），还有微软公司的比尔·盖茨。盖茨在苹果员工和全球媒体面前谈到微软与苹果的关系，他的感激之情溢于言表。乔布斯让他向观众做自我介绍时，他透露了一条信息，即微软一半的收入将来自苹果。乔布斯还问他，麦金塔电脑是否代表了新的行业标准。盖茨回答说：“嗯，要创造一种新标准，需要的不仅仅是略有区别。它需要一些非常新颖的东西，真正富于想象力的东西。在我见过的所有电脑中，麦金塔是唯一符合这个标准的。”盖茨显然是苹果的拥趸，他甚至出现在1983年苹果公司的一个内部宣传视频中。他在视频中表达了对即将发布的麦金塔电脑的认可，他说：“这是一台伟大的机器。从使用图形的方式来看，它向前迈进了一步，还有速度也大幅提高。这是一台很多人都能买得起的机器。”如果说盖茨意识到了苹果电脑在某种程度上对微软来说是一个潜在的威胁而不是一个商业伙伴，那么他伪装得很好。的确是这样，1984年11月26日，盖茨在《商业周刊》（*BusinessWeek*）的一篇文章中宣称：“下一代有意思的软件将出现在麦金塔电脑上，而不是出现在 IBM PC 上。”

就在麦金塔电脑热销的时候，微软已经在努力开发自己的图形用户界面了。该图形用户界面最初被称为“界面管理器”（Interface Manager），盖茨对它寄予了很大的希望。他的最终目标不仅是想让微软图形用户界面成为 PC 市场的行业标准，而且还想将该界面与多个兼容的、吸引人的微软应用程序捆绑在一起。这样，微软就可以建立起两条通往市场主导地位的通道了，一方面赢得人们对其图形用户界面的支持，另一方面利用该图形用户界面促进微软应用程序的推广。很快，界面管理器这个名字被换掉了，这又是出自罗兰·汉森的奇思妙想。公司决定将这款新软件命名为“Windows”。

盖茨在 Windows 的开发方面有其优势，因为他现在有两名帕洛阿尔托研究中心的前雇员——西蒙尼和斯科特·麦格雷戈（Scott MacGregor）。随着这个项目的推进，盖茨很快从帕洛阿尔托研究中心挖来了更多人。

Windows 逐渐成形了，但在此过程中，微软不仅与苹果还与 IBM 有可能发生冲突，而当时微软最大的业务伙伴就是 IBM。到了 1984 年，IBM 希望在软件市场上从微软手中收回一些独立性并决定开发自己的操作界面。该操作界面被命名为 TopView，于 1984 年 8 月发布，并于 1985 年 3 月开始发售。

TopView 不是一个图形用户界面，它只是一个多任务外壳，但它是 Windows 的对手，而且因为是 IBM 开发的，所以它可能是一个强大的对手。TopView 的发布促使盖茨全力推进 Windows 的研发。他与 24 家主要的新兴电脑公司签署了协议，其中包括康柏（Compaq）和惠普（Hewlett-Packard）等家喻户晓的公司。协议约定这些公司将采用微软即将推出的 Windows 操作系统。

在图形用户界面领域，微软不仅要与苹果、IBM 这两个巨头竞争，还要与一家名为 VisiCorp 的新公司竞争，这家公司已经开发了自己的图形用户界面，名为 Visi On。IBM 随后与 VisiCorp 公司签署了一项协议，成为 Visi On 的分销商，尽管当时 IBM 自己正在开发 TopView。很明显这是 IBM 对微软的反制。此外，还有一家叫 Quarterdeck 的计算机公司也在开发图形用户界面。显然，盖茨正带领微软在一条拥挤的赛道上奋力奔跑。

在这场竞赛中，盖茨的首先要做的事情是抢走 VisiCorp 的风头。他需要在 Visi On 正式发布之前宣布 Windows 即将发布。因此，1983 年 11 月 10 日上午，在纽约市赫尔姆斯利宫酒店（Helmsley Palace Hotel），盖茨兴高采烈地向媒体介绍了微软即将推出的 Windows。在介绍“Windows 1.0”时，他承诺了很多重要的事情：与所有 MS-DOS 应用程序兼容；多个应用软件可同时运行；可使用鼠标在应用软件之间切换；

90% 的 IBM 型计算机都将采用 Windows 系统。盖茨的演讲几乎不加掩饰地传递了一条信息，那就是如果你不等待 Windows 发布而是购买了微软对手的图形用户界面，那么可能从你购买的那一刻起它就过时了。

但 Windows 还没有准备好，而且在很长一段时间内也不会准备好。盖茨介绍 Windows 1.0 时，在场的大多数人都以为微软会在几周或最多几个月后发布 Windows。结果，直到 1985 年 Windows 才正式发布。在这期间盖茨和微软频频遭遇尴尬，因为他们多次承诺发布日期却屡屡爽约。

关于比尔·盖茨对 Windows 开发的贡献，各类传记中的描述都偏于保守。虽然盖茨不再是一线程序员，但他绝对参与了定义 Windows 功能和特征的工作。据内部人士透露，他严格审查每一项技术决策，经常改变参数和目标，这让程序员们感到疲惫而沮丧，他们感觉自己就像在流沙上做着无用功。根据华莱士和埃里克森的说法，盖茨和当时的系统软件部门（Systems Software Division）的负责人鲍尔默经常低估了完成重要任务所需的时间，同时他们反对一切干扰开发速度的人为因素，不失时机地进行微观管理。詹妮弗·艾斯琼（Jennifer Edstrom）和马林·埃勒（Marlin Eller）合著的《比尔·盖茨的野蛮兵团》（*Barbarians Led By Bill Gates: Microsoft from the Inside*）一书也有类似描述：1984 年 8 月，盖茨突然决定必须重新设计 Windows，要求在不用鼠标只用键盘的情况下 Windows 仍可工作。他这条指示进一步消耗了开发时间。盖茨与负责 Windows 项目的麦格雷戈经常发生争执。最终，麦格雷戈忍无可忍，在 Windows 上市之前毅然决然地离开了微软。

尽管微软的编程团队就像影片《壮志凌云》（*Top Gun*）中的战斗机飞行员，但他们仍然无法实现不切实际的目标。微软不断推迟交付，导致媒体评论家们造了个新词“雾件”（vapourware），意思是已经官宣但尚未真正发布的软件。随着时间的推移，雾件背后的逻辑还涉及法律问题，因为无论该软件最终是否交付，它提前宣布未来计划的做法都可能对竞争对手产生重大的市场冲击。例如，许多原始设备制造商宁愿等待微软未来的产品，也不愿购买已经上市的微软对手的产品，因为它们害怕一旦微软的产品发布，它们购买的产品就立即过时了。

Windows 1.0 终于在 1985 年 11 月上市了，盖茨在拉斯维加斯的世界计算机博览会上宣布了这个消息（极具戏剧性的是，此前正是在这里他目睹了 Visi On 的发布会）。Windows 绝对是一件尚未完工的作品，在软件兼容性和性能方面都存在问题，而且其系统要求很高。另外，正如媒体很快指出的那样，Windows 作为一个图形用户界面，不如苹果流畅。不过，Windows 1.0 至少让微软走上了图形用户界面的道路。

此外，Windows 1.0 的发布引发了另一个盖茨必须解决的问题，那就是有人批评微软，说它的操作系统部门和应用程序部门隶属于同一家公司。这意味着微软的应用程序开发人员比为微软平台开发软件的外部公司更具竞争优势，因为他们能够与平台更快速、更容易地共享信息。虽然盖茨公开表示，公司的两个部门之间实际上有一堵“看不见的墙”，但有几位了解微软的圈内人随后质疑这堵墙是否像盖茨所说的那样坚不可摧。这并不是微软和盖茨第一次被指责利用其企业影响力和优势取得行业领先地位。

对抗蓝色巨人

到了 20 世纪 80 年代后期，对比尔·盖茨来说，IBM 既是一个问题，也是一个机会。机会在于 IBM 的规模、品牌和市场占有率，这也是当初微软为什么要搭“蓝色巨人”的顺风车。但问题在于，两家公司的发展轨迹出现了冲突，尤其是 TopView 和 Windows 之间出现了竞争。

然而，微软与 IBM 的关系出现更严重的裂痕却是因为双方在 IBM 新操作系统 OS/2 上的合作。IBM 计划将该操作系统与该公司的下一代电脑 PS/2 一起发布。OS/2 操作系统基本上相当于 DOS 的换代。同时 IBM 还开始开发 OS/2 操作系统的未来版本，名为“Presentation Manager”，它将是 IBM 在图形用户界面方面独立于微软的单方面尝试。（此时，IBM 将关注点转向了图形用户界面，意味着该公司的 TopView 正在淡出人们的视线。）

说到这里，有很多事情让盖茨担心。实际上，Presentation Manager 操作系统将成为 Windows 的直接竞争对手，而且 IBM 已经表示不支持微软开发 Windows 操作系统。因此，1986 年 12 月，盖茨带领微软就合作开发 OS/2 Presentation Manager 事宜与 IBM 展开谈判，因为盖茨渴望继续搭 IBM 的顺风车。但这次合作让微软的 Windows 处境变得十分尴尬，尤其是因为 OS/2 Presentation Manager 将不支持 Windows 平台的应用程序。事实证明，微软参与 OS/2 Presentation Manager 的开发在公司层面上几乎是行不通的，但盖茨却全力支持 IBM 与微软的这种关系。有一段时间，人们甚至认为 Windows 可能会被淘汰出局（鲍尔默赞成这样做），但许多微软的程序员实际上认为 OS/2 将会失败。

事实证明这些程序员是对的。IBM 于 1987 年 12 月发布 OS/2，随后于 1988 年 10 月发布了 Presentation Manager。这两个操作系统都没有在市场上火起来，其中有技术上的问题，也有营销上的问题。然而，这两个操作系统的失败却让微软的 Windows 起死回生。不过，IBM 还是建议微软限制 Windows 的开发，以保持 OS/2 的核心地位。在 1987 年的一次视频采访中，盖茨被直接问及微软对 IBM 业务的依赖程度。他的回答值得一看，尤其要注意这个雄心勃勃的人竟然如此犹豫不决，措辞小心谨慎：

> 嗯，每个企业都要依赖自己最好的客户。通过与 IBM 合作，我们开发了 MS-DOS，对我们来说 MS-DOS 是一个非常重要的产品。现在我们合作开发的 OS/2 是最新一代的操作系统。对我们来说，最关键的就是以客户认为重要的东西为重，继续创新，而 IBM 就是我们最重要的客户。所以，我认为虽然没有它们我们也会做得很好，但那肯定是一个巨大的损失……在 IBM 加入之前，我们就已经在这个行业发展了很长时间了。事实上，我们帮助它们完成了关键的设计，从而帮助它们制造了最初的个人电脑，但我们没有把所有鸡蛋都放在一个篮子里。

到 1988 年，一切都变了。那一年，由程序员戴夫·韦斯（Dave Weiss）领导的一个微软内部小团队开始了 Windows 复兴和重新设计工作。韦斯的到来对微软是至关重要的。他曾在加利福尼亚州奥克兰市（Oakland）的 DSR 软件开发咨询公司工作。DSR 公司拥有自己的图形用户界面，该界面基本上具备 TopView 的所有功能，但速度更快，占用内存更少。微软得知了 DSR 公司在做什么以后，就派出一个小组去调查。他们被看到的东西折服了，因此在 1986 年 6 月，微软收购了 DSR 公司及其团队。韦斯和程序员默里·萨金特（Murray Sargent）重新开发了 Windows，使其在“保护模式”下运行，意思是多个应用程序可以同时运行，而不会使电脑崩溃。他们还做了一些其他改进，新版 Windows 可以做 OS/2 Presentation Manager 能做的一切，甚至做得更好，并且完全支持 Windows 和 DOS 应用程序。

1988 年夏天，韦斯带领的团队向盖茨和微软高层演示了新版 Windows。此前微软已于 1987 年 4 月发布了 Windows 2.0，对该图形用户界面进行了重大改进（尤其是采用了层叠窗口而不是平铺窗口），还改进了键盘快捷键和内存管理。然而，这次韦斯演示的 Windows 版本又有了惊人的进步，它将彻底淘汰 IBM 的图形用户界面。盖茨总是乐于接受创新，为此他不怕得罪 IBM。史蒂夫·鲍尔默在会议上问盖茨：“我们该怎么把这事告诉 IBM 呢？”盖茨回答说：“我不知道啊，那是你的问题，史蒂夫。”于是微软再次搞起了 Windows 操作系统。IBM 很快就听到了风声，当然很不高兴。IBM 实际上此前已经告诉过盖茨不要再搞 Windows，而盖茨当时似乎也同意了，甚至连媒体都报道说 OS/2 Presentation Manager 将迫使 Windows 退出。但 Windows 并没有退出。Windows 3.0 于 1990 年 5 月 22 日发布，然后像火箭一样一飞冲天。Windows 3.0 在 6 个月内卖出了 200 万份许可证，而它的升级版 Windows 3.01 卖出了 1000 万份许可证。从此 Windows 主宰了个人电脑平台。微软在 OS/2 Presentation Manager 的开发工作又持续了一段时间，但该系统前途渺茫。微软最终采用了 OS/2 3.0，用它构建工作站和服务器上的图形用户界面 Windows NT，该图形用户界面于 1993 年 7 月发布。到这个时候，微软和 IBM 的合作实际上已经到了尽头，但此时的微软已经今非昔比。

吃口苹果

我们已经知道，20 世纪 80 年代初，苹果与微软关系相当不错，但这种氛围也会逐渐变坏。1983 年 11 月，盖茨发布了 Windows 1.0。Windows 和麦金塔一样，也有图形用户界面，也使用鼠标。据知情人士透露，史蒂夫 · 乔布斯看了微软的这款新产品后勃然大怒，他认为微软抄袭了苹果图形用户界面的基本元素并将其用在了 Windows 中。此事导致了乔布斯和盖茨之间的一次激烈冲突（这不会是最后一次）。根据沃尔特·艾萨克森（Walter Isaacson）的佳作《史蒂夫·乔布斯传》（*Steve Jobs:A Biography*）中透露的内部消息，乔布斯当着 10 名苹果员工的面痛斥盖茨：“你在骗我们！我信任你，现在你却偷我们的东西！”据当时出席会议的苹果程序员安迪·赫茨菲尔德（Andy Herzfeld）说，盖茨随后冷静地反驳了乔布斯，这段反驳如今已传为佳话。盖茨说：“噢，史蒂夫，我认为看待此事的角度不止一种。我觉得情况更像是我们有个共同的有钱邻居叫施乐公司，我闯进他家偷电视机却发现你已经把它偷走了。”这时候盖茨明确了公司发展路线：“我们将继续做 Windows。我们将把公司的未来赌在图形界面上。”盖茨的反驳很有力。此外，合同也有利于盖茨。苹果和微软于 1981 年签署的原始合同中有一条规定：苹果发布麦金塔电脑满一年后微软方可发布基于鼠标交互的软件。为了确定时间，合同将这个时间暂定在 1983 年 9 月，比预期的麦金塔发布日期晚一年。然而，麦金塔的发布日期推迟到了 1984 年 1 月 24 日，但这一变动并没有反映在修订后的合同中。因此，尽管 Windows 赶在 Mac 发布之前发布了，但从法律上讲，微软有权这么做。此外，盖茨还威胁说，如果苹果采取什么行动的话，他将从 Mac 系统中下架 Word 和 Excel。当时正在苦苦挣扎的苹果公司考虑到这两款畅销软件的重要性，它们不想让局面恶化到那种地步。

为了理顺苹果和微软之间的关系，1985 年 11 月 22 日，盖茨和苹果公司新任董事长斯卡利（Sculley）签署了一项协议。从协议的开头部分我们可以了解到这场纠纷的一些背景以及微软的认错态度：

> 双方有着多年合作和信任的历史，并希望继续保持这种互利关系。然而，微软的几款软件产品产生的某些视觉外观涉及所有权争议并可能涉及版权侵犯……为了解决这一纠纷，并考虑到下文第 2 条所述的苹果公司授权，微软公司承认，上述微软程序中的视觉外观是由苹果公司的丽莎（Lisa）和麦金塔图形用户界面程序所生成的视觉外观的衍生作品。

这段话似乎预示着双方即将达成一个对苹果有利的协议，但协议接下来对盖茨的立场做出了让步。从长远来看，这次让步将给苹果带来严重后果：

> 第 2 条，授权。苹果特此授予微软一项非排他性的、全球范围的、免版税的、永久的、不可转让的许可，允许其在当前和未来的软件程序中使用这些衍生作品，并允许其授权或通过第三方在它们的软件程序

中使用这些衍生作品。本许可不包括由微软编写的功能与微软 Excel 类似并在 1986 年 10 月 1 日之前向公众发布的新软件。作为本许可的一个条件，微软应保证在其使用本许可所涉视觉外观的产品中给出视觉版权声明。

这一条款意味着除了在特定时间内、特定产品受到限制之外，微软可以合法地将 Windows 卖到任何地方。与此同时，该协议后面还有条款迫使苹果放弃开发一种名为 MacBASIC 的操作语言，这种语言实际上是微软 BASIC 的竞争对手。此外，作为交换，“微软特此授予苹果一项非排他性的、全球范围的、免版税的、永久的、不可转让的许可，允许苹果在本协议签订之日起的五年内，将微软开发的任何 Windows 零售软件产品中的新的视觉外观用于其软件程序中，并授权或通过第三方在它们的软件程序中使用这些外观”。

但微软和苹果之间在图形用户界面上的摩擦最终并没有通过签订协议解决。1988 年 3 月，问题再次出现了。微软推出了 Windows 2.03 版，苹果再次威胁就此事起诉微软（惠普也是苹果的起诉对象，因为惠普推出了 NewWave 图形用户界面）。苹果认为 Windows 侵犯了苹果的版权，因为 Windows 的某些功能明显是从苹果丽莎和麦金塔的界面衍生出来的，包括层叠的应用程序窗口和下拉菜单等核心元素。同时，苹果对微软的起诉意味着苹果也可能就 IBM 的图形用户界面 Presentation Manager 提起诉讼。

这一次，双方不上法庭是解决不了问题了。1994 年，法庭就“苹果电脑公司诉微软公司案”做出判决。判决书的开头一段如下：

> 丽莎和麦金塔是苹果公司的电脑。这两种电脑都配有图形用户界面（即 GUI），苹果公司为这两款图形用户界面注册了视听作品版权。这两款图形用户界面都是为了实现用户友好而开发的，供普通人与苹果电脑交互。丽莎桌面版和麦金塔 Finder 1 都是基于一个桌面比拟，包含窗口、图标、下拉菜单，可以用一种叫作鼠标的手持设备在屏幕上操控。微软公司发布的 Windows 1.0 有类似的图形用户界面，苹果公司对此提出抗议。因此，两家公司达成了一项许可协议，赋予微软在当前和未来的产品中使用和再授权 Windows 1.0 衍生作品的权利。微软发布了 Windows 2.03 和后来的 Windows 3.0。微软授权惠普公司推出了 NewWave 1.0 和后来的 NewWave 3.0，它们与 Windows 一起运行，使 IBM 兼容机更容

> 易使用。苹果公司认为这些版本超出了授权范围，使Windows“更像Mac”了，侵犯了它的版权，随后提起本案诉讼。
>
> （1994年，美国第九巡回上诉法院）

苹果此举让盖茨深感震惊，尤其是因为苹果提起诉讼的前一天，其首席执行官约翰·斯卡利（John Sculley）还与盖茨见过面，而斯卡利并没有提及苹果要起诉微软。盖茨在接受《圣荷西水星报》（*San Jose Mercury News*）采访时公开做出如下回应，他的语气清楚地表明苹果的起诉让他很受伤：

> 他从没跟我提过……一个字都没有。所以流言出现的时候，我告诉人们，这不是真的。然后我们发现苹果公司给所有记者都打了电话，还给他们每人发了一份诉状复印件。这是一次大规模的（公关）攻击……令我们困惑。我不是在开玩笑。我曾卷入很多起诉讼。在每起诉讼中我都在想：“我希望我们没事。”但这次我没有这么想。你禁不住要思考，如果他们是理性的人，他们在想什么……苹果公司正在利用媒体传递一个信息。这起诉讼的目的是让人们产生恐慌，让他们认为是苹果公司发明了这些东西，而不是施乐

公司。

接受《圣荷西水星报》的采访只是盖茨在媒体上反击苹果的开始。他试图将苹果的所作所为描述为无理打击其他软件公司以开发自己的图形用户界面。在 1998 年 3 月 28 出版的《信息世界：个人电脑新闻周刊》(*InfoWorld: The PC News Weekly*)杂志上，尼克·阿内特（Nick Arnett）和斯科特·帕尔默（Scott Palmer）发表了一篇题为《盖茨引用许可协议，挑战苹果版权主张》(*Gates Challenges Apple Copyright Claims, Citing Licensing Agreement*）的文章，文中提到盖茨引用了 1985 年协议的内容为微软辩护。盖茨辩称：

> 我们想说的是，这些图形界面技术、这些想法，是不受版权保护的……就算这些东西源于苹果且苹果拥有版权，就算人们使用这些技术编写应用程序却不能拥有自己的应用程序，我们仍然有这个许可……对于 Windows 来说没有什么比这个许可更有价值……我们并不是想要邀功，但确实，最初的应用程序是我们写的，我们采用了各种技术，比如缩放和窗口下拉、控制方式，诸如此类的技术……我们开发麦金塔软件的人员比苹果还多，所以我们起到了一定作用。

盖茨坚信自己的公司没有问题，很明显，苹果和微软即将开战。这在当时的计算机行业内和商界是个大新闻。《信息世界》杂志的前十页基本都在谈这件事，大家担心这种摩擦会影响到所有 Windows 平台的开发人员。甚至有一篇文章分析了微软和苹果之间的斗争是否会影响到 IBM 并给 Presentation Manager 的未来蒙上阴影。

苹果和微软之间的官司打了六年多。在此期间，很多事情都发生了变化。施乐公司也参与到这场官司中来，声称自己才是真正的受害方，而不是苹果公司。不过，在 1990 年施乐公司的这一主张被法院驳回了。与此同时，微软的业务正在蓬勃发展。Windows 3.0 的发布对这场纠纷来说如同火上浇油，苹果公司在其诉讼中又增加了更多主张。当然这并没有影响到盖茨的雄心壮志，他曾在 1990 年 9 月说："我们将积极在 Windows 上做出更多创新。"苹果电脑公司诉微软公司和惠普公司案直到 1994 年才最终做出判决，当时该案已经从地方法院移交给美国第九巡回上诉法院。该法院做出了有利于微软的判决："苹果不能因图形用户界面的想法或桌面比拟的想法而获得类似专利的保护……（这两个系统之间）几乎所有的相似之处要么来自许可，要么来自基本想法及其本能表达……只有当作品整体上几乎完全相同时才能认定为侵犯版权。"

虽然苹果和微软一直在斗争，但时代已经变了。苹果的未来可谓命运多舛，而微软则如日中天，对计算机市场的控制不断加强。微软再也不是个小角色了。1990 年，微软的收益达 11.8 亿美元。该公司共有 5635 名员工，其中大多数都在位于华盛顿州雷德蒙德市的公司新总部工作，这是一个巨大的校园风格的总部，微软于 1986 年 2 月搬到了这里。微软的规模迅速膨胀，在美国各地和海外都设立了办事处。

盖茨和乔布斯之间的个人关系可谓复杂多变，偶尔会有冲突，甚至蔑视对方。但很明显，这两家公司之间有着紧密的联系。时间跳转到 1997 年 8 月，乔布斯回到了苹果公司（次月他正式成为苹果公司的首席执行官）。当时苹果陷入了困境，面临彻底破产的危险。就在这时，盖茨介入了，向苹果公司投资了 1.5 亿美元，可以说挽救了这家公司。有一期《时代》杂志的封面是一张乔布斯蹲着用手机给比尔·盖茨打电话的照片，还配有这位苹果高管说的话：“比尔，谢谢你。世界变得更美好了。”并不是每个人都对盖茨这么友好。乔布斯在波士顿麦金塔世界（Macworld）大会上宣布了微软的这笔投资，而当盖茨通过卫星露面时，观众嘘声一片。

这两家公司之间、这两个人之间的合作关系，虽然有时很脆弱，但总体来说是富有成效的。2007 年，在微软投资苹果十年后，盖茨和乔布斯在 D5 峰会上共同接受了一次长时间的采访，回顾了他们的关系。回想起 1997 年比尔·盖茨对苹果的救助，乔布斯说：

> 苹果不需要打败微软。苹果必须记住自己是谁，因为它们已经忘记了自己是谁。对我来说，改变这种状态非常有必要。还有一点很重要，你知道，微软是苹果之外为 Mac 开发软件的最大公司。所以当时发生的事情简直太疯狂了。苹果那时候已经很虚弱了，于是我给比尔打了电话，我们试着重修旧好。

盖茨也认识到，与苹果公司修复关系对双方都有利。盖茨曾说："结果非常好。事实上，每隔几年，我们就能在 Mac 上做一些新的东西，这对我们来说是一项大业务。"2011 年 10 月 5 日，史蒂夫 · 乔布斯因癌症去世。这个时候苹果已经重新成为数字设备领域的巨头了，并在关键领域把微软甩在了身后，下一章我们会讲到这些。盖茨把乔布斯描述为"同事、竞争对手和朋友"，这个人的离世让他感到"真正的悲伤"。盖茨在博客上发表了一篇简单而感人的悼词：

> 史蒂夫和我相识快 30 年了。在人生大部分时间里，我们是同事、竞争对手和朋友。世界上很少有人能像史蒂夫那样产生如此深远的影响，他将影响未来

许多代人。对于我们这些曾有幸能和他一起工作的人来说，这是一种莫大的荣誉。我会非常怀念史蒂夫的。

比尔·盖茨和史蒂夫·乔布斯共同重塑了世界。他们在图形用户界面方面的斗争是数字时代最大的法律和知识争端之一。然而，下一章将要讲到，20 世纪末 21 世纪初，随着计算机行业发生变化，盖茨经历了商业上的最大失败。

BILL GATES

第四章
艰难岁月

到了 20 世纪 90 年代中期，行业未来似乎与以往微软取得成功的年代截然不同了。不同之处在于，数字领域出现了一个非常新的、可能具有革命性的东西。这个东西与应用软件、操作系统、编程语言、硬件或奠定微软地位的其他工具都不一样，它不属于任何人。它既不能集中，也不能约束，你也不能把它买下来。然而，它将是人与技术交互史上最伟大的变革之一。一切都会因它而改变——知识、商业、信息、数据、社交、政治。它就是互联网。

20 世纪 90 年代，比尔·盖茨与互联网的关系在外人看来是难以捉摸的，他似乎误入歧途，又似乎占据核心位置。到了那个年代，微软已经在 PC 软件领域取得了无可匹敌的全球主导地位。这种地位在整个 90 年代都保持着上升的趋势，以至于在整个计算机领域，大多数人都是通过微软的界面接触到互联网的。但正如我们将读到的那样，互联网的到来是微软丧失行业标杆地位的前奏，这种地位的丧失导致了微软在 21 世纪的颓势。新千年伊始，另外一些公司在多个方面成为数字化未来的推动者。就像曾经的微软一样，这些公司从杂乱无章的初创企业发展成了全球巨头和家喻户晓的品牌，如：社交媒体脸书（Facebook，现改名为元宇宙）、网络电子商务公司亚马逊（Amazon）、搜索引擎公司谷歌（Google）、视频网站油管网（YouTube）。虽然在计算机领域微软仍是绝对核心，但在很多关键领域，微软落后于人，这导致该公司遭遇了发展史上最大的失败，尽管该公司其他目标的实现在一定程度上抵消了失败。

本章重点讲述1995年到2008年这段时间发生的事，这个时期也是比尔·盖茨个人发展方向发生深刻变化的时期，尤其是他与他创立的公司之间，关系发生了变化。他逐渐退出了微软的实际管理工作。到了2008年，他正式退出了公司的日常管理（不过，2020年之前他仍然活跃在微软董事会中）。

我们可以从几个角度来解读盖茨的这一举动。一种观点认为，这是盖茨的远见卓识，是他职业生涯的一个新阶段，他将在慈善和国际开发方面做些影响深远的工作。我们也可以认为盖茨的这一举动是他年龄增长的副作用。毕竟，到2000年时，他已经在微软工作了20多年。最后，我们也可以把他从公司的缓慢退出解读为他接受了一个事实：他所拥有技术眼光虽然曾经让微软成为全球霸主，但可能在不断变化的数字未来中并不适用。当然，这三种解读可能在不同程度上都是对的。

网络时代

1995 年对微软和比尔·盖茨来说都是关键的一年。事实上，从某些方面来看，这一年是个人电脑发展历史上最重要的年份之一。在 20 世纪 90 年代的前五年中，微软不仅是计算机行业中的一个巨人，而且几乎是全球计算机行业的形象代表。到 1992 年底，整个软件市场的 44% 掌握在微软手中。1994 年，微软的收益达到了 46 亿美元。成熟产品和新产品共同造就了这种非凡业绩，新产品包括多媒体产品，比如电子百科全书 Encarta 和电子书架 Bookshelf，也包括用于音乐制作、艺术创作、教育、财务管理、数据库开发等方面的应用程序。1993 年 7 月，微软推出了面向企业应用程序的全新图形用户界面 Windows NT，它与集成了对等网络服务的 Windows for Workgroups 并驾齐驱，取得了巨大成功。可见微软被《财富》(*Fortune*) 杂志评为“1993 年美国最具创新力公司”并非没有道理。

盖茨的地位和威望在 20 世纪 90 年代也发生了变化。到 1995 年，他已经不“仅仅”是身家 200 亿美元的史上最成功企业家之一。考虑到他在数字经济中的地位，他实际上也是这个星球上最有影响力的人之一。正如接下来发生的事情那样，这种影响力是一把双刃剑，特别是当它引起政府注意的时候，但盖茨的成就当时已经得到了最高层的认可。1993 年，老布什总统在白宫玫瑰园举行的仪式上授予盖茨国家技术创新奖章，以“表彰他在家庭和办公通用计算领域的先知先觉，表彰他创建的一家全球性科技公司并对其进行的技术和商业管理，以及表彰他对个人电脑行业发展的贡献”。

但盖茨从来不是一个骄傲自满的人。事实上，到 20 世纪 90 年代中期，他就努力尝试重新定位微软，以适应互联网对世界和微软的影响。1995 年 5 月 26 日，盖茨写了一份内部备忘录发给微软员工，这是一份反映他思想转变的重要文件。备忘录的标题是《互联网浪潮》(*Internet Tidal Wave*)，盖茨在该文件中用了很长的篇幅阐述了新兴的互联网技术及其影响。文件开头几段明显是给微软下了战书：

> 互联网是重中之重，接下来几年互联网的发展将确定未来很长一段时间我们这个行业的发展方向。也许你们已经从我这里或公司其他人那里看到了关于互联网重要性的备忘录。对互联网重要性的认识过程，我经历了几个阶段。现在我把互联网的重要性定位为

> 最高级别。在这份备忘录中，我想明确表达的是，聚焦互联网对我们业务的每一个方面都是至关重要的。互联网的出现是自 1981 年 IBM 个人电脑问世以来最重要的一项发展变化。它甚至比图形用户界面的出现更重要。

因此，互联网无疑是微软的未来。但问题是，盖茨和微软已经姗姗来迟。

虽然互联网的前身出现在军方和政府中，可以追溯到 20 世纪 60 年代，但我们所熟知的万维网是在 1991 年才出现的，这要归功于英国计算机科学家蒂姆·伯纳斯-李（Tim Berners-Lee）在欧洲粒子物理研究所（Conseil Européen pour la Recherche Nucléaire，CERN）所做的工作。正如盖茨在备忘录中所言，到 1993 年，个人电脑的广泛普及，加之互联网的搜索能力，显然将引发一场变革。但在盖茨写这篇备忘录之前，别人已经捷足先登了。

马克·安德森（Marc Andreesen）和埃里克·比纳（Eric Bina）是伊利诺伊大学厄巴纳-香槟分校（University of Illinois at Urbana-Champaign）国家超级计算应用中心（National Center for Supercomputer Applications，NCSA）的两名程序员。1992 年，他们决定开发一个易用的网页浏览器，它要足够简

单，所有人都能使用。安德森和比纳对效率的渴望堪比早期的微软，他们在短短 8 周内就完成了开发。最后，他们发布了浏览器软件 Mosaic。该软件作为国家超级计算应用中心的一个产品，任何人都可以免费下载。当时已有其他浏览器问世，但是 Mosaic 的使用人数遥遥领先于其他浏览器。到 1994 年年中，该浏览器每月的下载量高达 5 万次。（为了理解这个数字的含义，你要知道 1994 年美国 2.63 亿人口中只有 2% 的人可以上网。）

Windows 95 发布，微软花费 3 亿美元做全球推广。
此照片中比尔 · 盖茨正在英国伯明翰国家展览中心推广该操作系统。

1994 年 4 月，安德森与科技高管吉姆 · 克拉克（Jim

Clark）合作成立了网景公司（Netscape），然后该公司开发了一款名为 Navigator 的新型浏览器。Navigator 甚至比 Mosaic 更好用，正是世界迫切需要的那种网络浏览器。它完全兼容新型网站的多媒体，包括图像、视频、音频。在个人电脑日益普及的世界里，人们争相选用这款浏览器，网景率先建立了一个良性增长循环——使用 Navigator 的互联网用户越多，创建网站以激发他们兴趣的公司和个人就越多，然后下载 Navigator 的人就更多。Navigator 的采用率可以比肩微软的所有软件。到 1995 年，它占据了 70% 的浏览器市场，年收益达 4500 万美元。新进入亿万富翁俱乐部的安德森甚至登上了 1996 年 2 月的《时代》杂志封面。此时比尔·盖茨和史蒂夫·乔布斯已经不是世间仅有的两位数字超级明星了。

盖茨当时清楚地意识到，网景是突然杀出的竞争对手，微软要么吞并它，要么消灭它。微软从 1994 年夏天开始开发自己的互联网浏览器 Internet Explorer，即 IE 浏览器。为了加快项目进度，微软与互联网软件公司 Spyglass 达成了一项许可协议，伊利诺伊大学授权该公司开发和销售 Mosaic 浏览器的商业版。IE 浏览器原定于 1995 年发布，与之同时发布的还有微软的另一款至关重要的产品，即革命性的全新图形用户界面 Windows 95。

战斗开始了。盖茨想让全世界都知道，微软将在“浏览器大战”中全力以赴。《互联网浪潮》这篇备忘录只是盖茨有意发出的一个信号。虽然严格来讲，它是一份内部文件，但微软把它完整地泄露给了媒体，媒体将其发表出来并就其细节和含义大做文章。据詹姆斯·华莱士引用消息灵通人士的话说：“坦率地说，我认为比尔·盖茨已经烦透了各种关于网景公司的报道。我不知道到底是谁泄露了那个备忘录，但比尔·盖茨对此肯定是知情的。”我们应该明白《互联网浪潮》这个文件产生的背景是盖茨看到了互联网更广阔的发展前景，互联网的价值不仅限于在 PC 上做些学术研究。盖茨一直在努力尝试预测未来，他在 1994 年世界计算机博览会上的演讲就是一个例证：

> 展望未来十年，这些系统的处理器速度、内存大小、存储容量都会继续进步。我们真的要思考一下，该如何利用这些进步呢？当然，最重要的是数字聚合的理念。也就是说，把所有信息，包括书籍、目录、购物方法、专业建议、艺术、电影，统统转换成数字形式，即 1 和 0，并能够在一个设备上按需提供这些信息。这个设备看起来就像电视机一样，但它是一个能随身携带的小设备，PC 将演变成这个东西。所有这些形式因素都很重要，但我们还需要有一个共同的架

构，这样我们就可以完成创作，准备媒体，并让使用不同设备的人很容易获取。这就是我们一直读到的东西，虽然故事版本各不相同。通信公司必须考虑到这一点，因为这是它们的未来。媒体公司，从电视到有线电视，再到好莱坞电影公司，都需要参与进来，因为这也是它们的未来。消费电子产业正在进入这一领域，因为需要有厂家制造这些设备。当然，对于 PC 行业来说，这就是其主业。很多进步，很多东西，我们都可以利用，会在未来几年为我们带来增长。所以即使现在每年 PC 销量已达 4000 万台，我们仍然有很多新领域需要攻克并产生更深远的影响。

盖茨显然对计算机的发展方向有先见之明。1995 年 11 月，盖茨出版了他的第一本书《未来之路》（*The Road Ahead*），进一步阐明了他对数字未来的看法。企业家功成名就以后开始写书的很多，盖茨并非特例。但正如我们知道的那样，盖茨是著书最多的企业家之一。然而，他的书并没有自吹自擂“我是如何成功的”，而是将其作为展示技术、商业、科学或开发项目的窗口，这些项目对盖茨很重要。他所有的书都把主题而不是他自己放在了核心位置。

《未来之路》是由盖茨、微软程序员兼高管内森·梅尔沃德和普利策奖得主、作家兼企业家彼得·里纳森（Peter Rinearson）三人合著的。虽然这本书是在1995年出版的，但很快做了大量修改并于1996年10月重新出版。新版增加了2万字的内容，从中我们也可看出科技行业的变化速度之快。这本书本质上是盖茨对于计算机和互联网将如何塑造未来的判断。特别是他认为互联网将为用户提供前所未有的获取信息的途径，娱乐、服务、购物，随时随地都可以。“这段历史时期的与众不同之处在于我们操纵和编辑信息的能力以及我们处理信息的速度不同。几乎所有信息都将数字化。一旦数字信息被存储起来，任何获得许可和访问权限的人都可以调用、比较和重制。”他坚决地把这种变化称为一场“革命”，并为此感到振奋：“我仍然为自己抓住了革命来临的第一个信号而感到兴奋。”然而，在微软成为互联网浪潮的弄潮儿之前，还有很多工作要做。

WINDOWS 95

1995年，在浏览器竞争中微软可能还在奋起直追，但在数字开发的其他领域，该公司的实力几乎无可匹敌，而且越来越强。1995年8月24日，微软向公众推出了Windows 95。这是新一代图形用户界面。它比以前版本的Windows有了长足的进步。它的界面得到了极大的改进，用户点击左下角的一个大的“开始”按钮就可以访问大多数文件和应用程序了。底部新增了一个任务栏，可以快速启动经常访问的程序。该系统一个特色是新增了 Windows Explorer 文件管理器和控制面板，并且增强了硬件交互的即插即用能力。在文件命名系统、文件共享协议和内存管理方面 Windows 95 都有提升，而且对于那些想把电脑用于游戏和多媒体的人来说，整体上进步很多。

Windows 95 的发布是计算机发展史上最大的营销努力之一。在 8 月 24 日正式发布之前，微软进行了数周的高调媒体报道和广告宣传，其中最重要的电视广告使用了滚石乐队的《让我开始》（*Start Me Up*）作为背景音乐，这一创意让微软花费了数百万美元购买版权。微软甚至还拍了一集情景喜剧，讲的是《老友记》（*Friends*）中的超级明星詹妮弗·安妮斯顿（Jennifer Aniston）和马修·佩里（Matthew Perry）访问微软总部并探索 Windows 95。在 Windows 95 发布之前那周，盖茨个人接受了 29 家主要媒体的采访。

Windows 95 的发布活动是在华盛顿州雷德蒙德市微软总部的一个大帐篷里举行的。在类似聚会的气氛中，2500 名世界上最有影响力的记者、企业高管和其他要人齐聚一堂，他们来自大约 30 个国家。这次活动也通过卫星向全世界进行了直播。喜剧演员、《今夜秀》(*Tonight*)节目的传奇主持人杰·雷诺(Jay Leno)受聘主持这次盛会，他优雅而自信的幽默缓和了他与盖茨之间尴尬的互动。不管这次发布会开得怎么样，毫无疑问的是，到 1995 年 8 月 24 日，几乎所有发达国家都知道 Windows 95 发布了。

Windows 95 上市之初即在全球各地的商店里热卖。美联社(Associated Press)发表了一篇文章对此提出了质疑，标题是《Windows 95 上市首日的销售狂潮能持续多久?》。但后来事实证明，无论是在现货市场还是在 OEM 市场，Windows 95 都持续热销。到 1995 年 9 月初，已经卖出 163 万份，第一年就卖出了 4000 万份。

但微软在浏览器市场的地位问题仍未得到解决。Navigator 浏览器仍然是领头羊。微软对抗 Navigator 的产品是 IE 浏览器，它与 Windows 95 同时发布，但是作为微软 Windows 95 Plus 的一部分捆绑发售！此前微软与 Spyglass 公司签署了一项许可协议，约定微软可以使用 Mosaic 浏览器的源代码，按季度付费，另外每售出一份 IE 浏览器还需按收益百分比支付版税。但随着微软转向新的市场方向，双方之间的这种关系很快就出现了裂痕。首先，微软开始在 Windows NT 上免费发布 IE 浏览器(因此不支付版税)，此举促使 Spyglass 公司提起诉讼。这场官司到 1997 年才最终得以解决，微软向 Spyglass 支付了

800 万美元来买断未来的版税。此后 IE 2.0 浏览器发布，用户可以免费下载。

微软坚定不移地与网景进行浏览器竞争，这只是开始，但最终微软将会获胜。微软凭借其雄厚的财力不断改进 IE 浏览器。IE 3.0（1996 年 8 月发布）和 IE 4.0（1997 年 9 月发布）在许多功能上已经赶上甚至超越了 Navigator。IE 最终集成到标准版的 Windows 95 及其后续产品中，也就是说如果你买了 Windows 就拥有了浏览器。微软也开始利用其市场优势，说服 OEM 厂商将 IE 默认安装到电脑，同时舍弃 Navigator。

通过从多方面发起攻击，微软获得了胜利。到 20 世纪 90 年代末，网景公司和 Navigator 浏览器已命悬一线，网景公司的市场份额和收益快速萎缩。到 2007 年或 2008 年，Navigator 这个曾经最成功的互联网浏览器实际上已经销声匿迹了（2006 年它的市场份额还不到 1%）。2003 年 7 月 15 日，网景被当时的母公司时代华纳（Time Warner）解散。盖茨赢得了浏览器大战，但这是有代价的。

盖茨出庭

20 世纪 90 年代，一场旷日持久的、对微软来说具有潜在危险的法律纠纷开始了。微软此前与苹果和其他公司也打过官司，但这次不同，这次诉讼直接来自美国政府。尽管从本质上讲，“美利坚合众国诉微软案”是一家公司与美国政体之间的斗争，但在很大程度上要接受审判的人是盖茨。政府专员和检察官将严格审查盖茨的经营方式以及他如何领导微软取得了市场主导地位。盖茨极力反击，他认为美国政府对微软的攻击无异于对资本主义本身的攻击。

这场法律冲突的种子是在 20 世纪 90 年代初埋下的，当时美国联邦贸易委员会（Federal Trade Commission，FTC）开始调查一些软件开发人员的投诉。他们投诉说微软在操作系统和图形用户界面的竞争中滥用其市场主导地位，扼杀竞争和自由企业，特别是在应用软件和文字处理软件方面。他们质疑微软的应用程序部门和操作系统部门之间所谓“看不见的墙”是否坚不可摧。同时联邦贸易委员会开始调查一个更大的问题：微软是否通过与 IBM 合作，实现了对美国乃至全球计算机行业的垄断？

1992 年至 1993 年，联邦贸易委员会的调查加快了速度，它们认真调查事实，收集的证词、证据、分析多达数千页。美国联邦贸易委员会的竞争局（Bureau of Competition）认为，已经可以对微软提起反垄断诉讼。然而，联邦贸易委员会曾两次就是否对微软提起诉讼进行投票，在这两次投票中，四位委员都以 2 比 2 的投票结果陷入了僵局。本来应该有五名委员投票，那样就可以避免可能出现的僵局，但其中一名委员因为继承了一个包含微软股票的信托基金而不得不回避。

此事本来应该到此结束，但美国政府司法部（Department of Justice，DOJ）却又接手了此案，让纠纷意外升级了。很多微软员工，甚至许多媒体人，都认为这次对微软的打击存在一定程度的政治动机，美国政府热衷于约束它认为影响力过大的公司。据说盖茨听说美国司法部将接管这个案子后，大发雷霆。据当时在场的一个人说，盖茨气得在房间里乱扔东西。在盖茨看来，微软之所以取得支配地位完全是不懈创新和精明经营的结果。1993 年 6 月，盖茨接受了《时代》杂志的采访，他明确地为自己辩护，不加掩饰地攻击了指控他的那些人：

> 莲花之所以失去市场，是因为该公司很晚才追随麦金塔和 Windows 这两大科技潮流。宝兰国际公司（Borland International）与阿什顿-泰特公司（Ashton-Tate）的糟糕并购导致其不务正业。菲利普·卡恩（Philippe Kahn，宝兰国际公司董事长，该公司是一家软件公司）擅长玩萨克斯管和帆船，但他不擅长赚钱。WordPerfect 可以说是一家单一产品公司。我们最成功的软件是为麦金塔系统开发的。我们

> 在 Mac 电脑上的市场份额比其他任何平台都高。苹果是如何帮助我们的？唉，它们到法庭起诉我们。在未来的日子里，也许我们的竞争对手会下决心让自己变得更有能力。

盖茨显然没有屈服。

虽然盖茨公开表示抗议，但是司法部的调查仍在继续。这场官司太大，双方都要做漫长的法律准备工作，微软为此支付了数百万美元的法律费用。最终该案于 1998 年 5 月 18 日在哥伦比亚特区的联邦地方法院开庭，托马斯·彭菲尔德·杰克逊法官以及至少 20 位州检察长出席了庭审。

美国司法部对微软的起诉主要针对两件事。首先，微软强势且不公平的竞争策略使网景公司的 Navigator 浏览器无法保住其市场份额。其次，美国司法部指控微软使用类似的策略破坏了太阳微系统公司（Sun Microsystems）JAVA 的销售。JAVA 是一种新的面向对象编程语言，是一种极好的网络编程工具，但它对微软构成了威胁，因为它几乎可以在任何电脑上运行，而不仅仅是运行在安装了 Windows 的电脑上。

“美利坚合众国（与纽约州）诉微软公司案”的法律程序冗长而繁杂，无法在此快速总结。但微软面临着一连串的指控，从故意配置 Windows 使竞争对手的软件难以安装和运行，到向竞争对手隐瞒重要的技术信息，再到迫使电脑制造商排挤其他公司产品以维持与微软的关系。总而言之，起诉微软的原因在于微软正在利用其垄断势力排挤竞争对手，而这种做法并没有让美国公众受益：

> 微软开发脍炙人口的新型浏览器并将其与 Windows 捆绑在一起，不收取额外费用。然而，对消费者不利的是，微软的所作所为不仅限于此。如上所示，微软还采取了一系列有组织的行动，旨在使其应用程序进入壁垒及其垄断势力免受各种中间件的威胁，这些中间件包括网景公司的网络浏览器和太阳微系统公司的 Java。微软的这些行动多以直接而明显的方式伤害了消费者，另外还通过扭曲竞争，对消费者造成了间接但严重且深远的伤害。

盖茨本人也出现在证人席上，他作证的过程还被录制了视频供日后审查。媒体注意到，盖茨有时似乎不太尊重这些诉讼程序，在回答问题时闪烁其词，甚至不予配合，不断挑战对方法律团队，要求他们用定义术语、解释准则。在 1998 年 11 月 19 日《商业周刊》杂志上的一篇文章中，记者埃伦·纽伯恩（Ellen Neuborne）评论道：

> 在反垄断庭审录像中的盖茨是有血有肉的盖茨，他的表现可以说远没有那么令人钦佩。他扭动着身子，说话拐弯抹角。他与检察官就“我们”和“竞争”等常用词汇的定义进行了争论。在前几轮的证词中，他的回答含混不清，而且说了很多次“我不记得了”，连审判长都忍不住笑了。更糟糕的是，这位科技领袖的许多否认和不知情借口都被检察官用他收发的电子邮件直接驳斥了。

盖茨有了这个“录像中不讨人喜欢的形象”，而且检察官试图将他描绘成一个“长得过大的校园恶霸”。然而，纽伯恩指出，盖茨在公众中的受欢迎度并没有因此案而有多大变化。她引用了《商业周刊》和哈里斯公司（Harris）联合进行的一项民意调查，该调查显示，32% 的受访者表示他们很钦佩盖茨（比前一年 6 月的 37% 略有下降），但不喜欢他的人仅占 8%，与前一年相比没有变化。

1999 年 11 月 5 日，杰克逊法官发表了他的事实裁定书，这是该案的若干高潮时刻之一。他裁定微软曾做出多个垄断或企图垄断行为，违反了 1890 年《谢尔曼反托拉斯法》（*Sherman Antitrust Act*）。次年 6 月 7 日，真正的重磅炸弹降临了。法院判决微软须拆分成几家不同的公司，特别是操作系统部门和软件开发部门必须分开。

盖茨不会乖乖接受这个判决。微软立即向哥伦比亚特区巡回上诉法院提起了上诉。盖茨向媒体发表了一份慷慨激昂的声明，愤怒地强调在他看来美国政府正试图打压一个典型的美国成功故事：

> 这显然是有史以来政府控制科技行业的最大尝试，该计划是政府构思的并通过这项毫无证据、未经审查的判决来实施的。该计划将破坏我们的高科技经济，伤害消费者，使电脑更难使用，并影响到整个高科技行业中无数其他公司和员工。微软认为我们有很强硬的上诉理由。重要的是，我们一直专注于开发优秀软件，而且人们明白这种控制真的会损害高科技经济。

显然，盖茨认为这场官司将对更多领域的美国创新产生负面影响。2001 年 6 月 28 日，华盛顿特区巡回上诉法院的法官推翻了联邦地方法院对微软的判决，理由是杰克逊法官曾向媒体谈论此案，这违反了美国法官行为准则。不过，美国司法部对事实的调查结果仍然有效。于是，微软为了规避进一步的反垄断诉讼，与美国司法部达成了一项协议。协议规定，除其他措施外，微软须与第三方公司共享其应用程序编程接口。另外，一个由三名成员组成的“技术委员会”将有权获得微软的系统、流程、文件、源代码，以监督其遵守情况。协议义务于 2007 年到期。

崭新时代

与美国司法部的官司结束时，比尔·盖茨的个人生活发生了很大变化。他的年龄增大了——1995 年他 40 岁了。虽然与他的年龄相比，盖茨还是显得年轻，但他已然不是当年带领公司创业的那个蓬头垢面的小伙子了，这时候他已经结婚了。1994 年，盖茨与微软产品经理梅琳达·弗兰奇（Melinda French）结婚了，找到了人生伴侣。这场婚姻在很大程度上决定了他未来 30 年的人生方向。（更多关于盖茨的婚姻和公司外的生活将在后面的章节中介绍。）他们生了三个孩子：1996 年 4 月詹妮弗（Jennifer）出生，1999 年 5 月罗里（Rory）出生，2002 年 9 月菲比（Phoebe）出生。过去，年轻的比尔·盖茨经常与那些有家庭责任的员工发生冲突，他希望员工 24 小时在微软工作。现在，盖茨自己也是个有家的男人了。

2000 年 1 月 13 日，微软领导层发生了令人震惊的变化。盖茨宣布他将辞去公司首席执行官一职，将公司的日常运营交给鲍尔默，鲍尔默当时还兼任公司总裁。盖茨转任微软公

比尔·盖茨和梅琳达·盖茨于 1994 年元旦结婚，此照片拍摄于他们婚后不久，他们共同创立了现代历史上最大的慈善组织之一。

司首席软件架构师一职。他解释说，这个新岗位“将允许我把几乎 100% 的时间花在软件新技术上。对于我个人来说这是一个令人兴奋的变化，对于公司来说也是一个很好的过渡。虽然自 1998 年 7 月鲍尔默担任总裁以来，我能够花更多的时间研究我们的技术战略了，但我觉得微软的机会很多，我们公司的结构还没有优化到能够充分利用这些机会的程度”。

当然，媒体对盖茨这个决定持怀疑态度。盖茨这样做会不会是为了减轻司法部的诉讼给公司带来的压力呢？毕竟比尔·盖茨本人和微软公司在很大程度上被视为一个整体。或者果真如盖茨所说，此举是为了把握住一个与过去几十年截然不同的技术新时代？还有一个问题是，如果鲍尔默的管理风格以及对未来的设想与他的前老板不完全一致，盖茨将如何与鲍尔默合作？盖茨会在幕后实际掌权吗？

虽然 2000 年盖茨做出了这个决定，但他仍然是微软不可或缺的一部分。不过这个决定似乎是盖茨逐渐实际脱离微软的开始。时间跳转到八年后，2008 年 6 月 15 日，微软发布了下面这则公告：

> 微软公司今日宣布，自 2008 年 7 月起，董事长比尔·盖茨将从公司的日常事务中退出，这样他将有更多时间投入比尔及梅琳达·盖茨基金会，去从事全球健康和教育工作。公司宣布了一个为期两年的过渡过程，以确保盖茨日常职责的顺利有序移交。公司称 2008 年 7 月后盖茨将继续担任公司董事长和关键开发项目的顾问。

因此，很明显，盖茨与微软的关系在 21 世纪头十年发生了根本性的变化，尽管这将是一次漫长的告别——直到 2020 年盖茨才从微软董事会辞职。正如后面章节要讲的那样，盖茨离退休还早着呢。他在微软之外的生活几乎和在微软之内一样充满活力。在这里，我们将继续关注 2000 年至 2008 年

到 21 世纪初，比尔·盖茨不仅是一位公认的成功企业家，而且由于在全球计算机和发展援助方面的影响力，他被认为是地球上最具影响力的个人之一。此照片拍摄于 2005 年 11 月的纽约，《时代》杂志全球健康峰会上盖茨与时任总统克林顿同台。

这段时间发生的事。关于这段时期的微软，许多描述都反映了鲍尔默和盖茨之间的关系日益紧张，在这个新千年公司将何去何从，二人出现了分歧。

喜忧参半

21 世纪头十年，微软的核心业务 Windows 操作系统和应用软件仍然主导着个人电脑市场。Windows 95 演变成 Windows 98，然后是 Windows 2000。2001 年微软发布了 Windows XP，这是一款基于 NT 架构的全新图形用户界面。总的来说，Windows 的每一次迭代都得到了评测专家和买家的认可，销售数据也很亮眼。经过漫长而坎坷的开发过程之后，Windows Vista 于 2007 年发布了。Vista 推出了许多新功能，做了很多改进，但市场反应却比较冷淡，人们注意到该系统在功能性、侵入式授权控制、许可证限制和高性能要求等方面存在问题。2010 年 10 月 Vista 停止销售，被 Windows 7 取代。虽然 Windows 的换代过程略有不顺，但它仍然是大多数人电脑上的操作系统。与此同时，微软的 Office 仍是 PC 和苹果用户的主要办公软件。

尽管如上文所述，盖茨与微软的关系在名义上正在发生变化，但他仍然是微软的代言人。在 Vista 的发布会上，盖茨继续出席。2007 年 1 月 30 日，他在英国伦敦的大英图书馆主持了 Vista 和新版 Office 的发布会。盖茨做了个长篇演讲，他信心十足地认为随着数字互联将人类活动的不同领域像蜘蛛图一样连接起来，Vista 将顺应网络计算的核心趋势：

> 现在，有了 Windows Vista，我们就有了更上一层楼的基础。所以，现在我们要讨论的不只是互联网，而是数字工作方式和数字生活方式。在 Windows

Vista 平台上，很多事情将发生革命性变化。人们买卖产品的方式会变化。我们对电话的认知会变化，所谓的专用电话交换机（Private Branch Exchange，PBX）将消失。电视将出现革命性的变化，你不必再受广播信道和热门节目的限制。甚至电视上的节目本身也将个性化，你关心的新闻条目将变得更长。如果是教育节目，你将有机会与之互动。甚至广告也会变得更有针对性。我们将把娱乐带到一个全新的高度，你可以找到自己感兴趣的音乐或者玩一个更逼真的游戏，并且能够与世界各地的其他玩家联网。毫不夸张地说，我们相信，教育也会发生巨大的变化。我们已经开发了 Windows 的特殊版本，比如带有媒体中心（Media Center）的版本，就属于电视和娱乐方面的变化。还有平板电脑版本，则是为了方便人们开会做笔记。但也许最有趣的是，平板电脑让学生们拥有一种设备，能够在没有纸质教科书的情况下学习并以更多方式互动和分享。所以我们才刚刚开始。我们才刚刚开始认识到未来我们能做什么。

现在回过头来看，盖茨这次演讲的某些内容要么显得幼稚，要么令人不安。例如，定向广告因为涉嫌侵犯隐私而成为政府担忧的问题，而不是值得追捧的进步。但在当时，盖茨宣传的几乎是一场人类自我革命，每个人都可以通过数字手段融入一个更大的整体中，并在这个过程中被赋予力量。

此照片拍摄于 1998 年 6 月，比尔·盖茨正在与记者和客户谈论 Windows 98 的发布。在 21 世纪初被 Windows XP 等产品取代之前，这个版本的 Windows 总共售出了大约 5800 万份许可证。

虽然盖茨演讲的重点是 Vista，但很明显，他认为微软未来将向更多方向发展，而不仅仅是 Windows 和图形用户界面。盖茨早就认识到，互联网将改变硬件、平台和生活方式，新的商业机会正如雨后春笋般涌现，需要出手敏捷才能占得先机。问题是，对微软和盖茨来说，到 21 世纪初，在许多领域微软已经出手太慢了。

例如，苹果公司在经历了20世纪90年代的一段危险时期后，已经东山再起。从20世纪90年代末开始，苹果公司又回到了史蒂夫·乔布斯的领导之下，他是个充满激情的卓越领导者，而且时代在变化。1998年5月，苹果公司发布了iMac电脑。那透明的、泪滴状的彩色外壳摆在桌子上显得格外靓丽。iMac电脑的外观很酷，它迷人、现代、引领潮流。它的内部也有很多创新，比如它配有USB接口并内置了互联网连接能力（不需外接调制解调器）。这款电脑在发布后的前5个月就卖出了80万台。同样引人注目的是iBook电脑，这是苹果公司在1999年4月推出的首款笔记本电脑，此后苹果的一系列笔记本电脑都非常抢手。经过十几年的发展，苹果在2007年推出了搭载英特尔处理器的MacBook Pro笔记本电脑。除了硬件，苹果的图形用户界面和软件也在飞速发展。苹果电脑配备了大量苹果家族品牌程序，包括iMovie、iTunes、iPhoto和iLife。2001年，苹果还推出了一款新的Unix操作系统Mac OS X。它美观、简单、好用，不像Windows系统那样臃肿。

苹果在便携式设备方面也处于领先地位。2001年10月苹果推出的便携式数字音乐播放器iPod，令公众为之倾倒。在接下来的6年里，iPod的销量超过了1亿台，之所以能取得如此骄人业绩也得益于该公司2003年推出的iTunes商店，让音乐下载变得空前容易，数百万首歌曲唾手可得。（用户 5 年内使用该服务下载音乐超过 50 亿次。）

苹果的优势在于品牌影响力、稳定的质量、清晰的功能以及透露出的酷感。该公司兼做硬件和软件，将二者完美地结合起来。虽然到目前为止，运行 Windows 系统的 PC 电脑仍然是最畅销的，尤其是因为它们比高端的 Mac 电脑便宜得多，但苹果在计算机领域的份额确实在增加。

发展迅速的公司并非仅苹果一家。21 世纪头十年是电子游戏机在全球范围内加速发展的时代。早在 1994 至 1995 年，索尼互动娱乐公司就率先推出了如今已成为行业标杆的 PS 游戏机，随后又推出了升级版 PS1，并在 2000 年推出了颠覆性的 PS2。这些机器的销量和它们的游戏一样亮眼。到 2003 年 12 月，PS 和 PS1 游戏机的出货量超过了 1.02 亿台，而 PS2 在上市头 5 年的出货量就超过了 1 亿台。索尼并不是游戏机领域唯一的玩家，主要竞品包括世嘉土星游戏机、任天堂 64 游戏机（发售第一天就卖出了 30 万台）和任天堂的 NGC 游戏机。

那么，盖茨和微软在这场竞赛中处于什么位置呢？盖茨和鲍尔默都清楚地意识到他们落后了。自成立之后的 20 多年，微软的视野一直局限于 PC、操作系统、软件应用程序和语言。游戏机是崭新的东西。微软和大型游戏公司之间曾有过合作。例如，1998 年 4 月 7 日，微软和索尼联合发布了一份新闻稿，其中包括盖茨的合作说明：

> 1998 年 4 月 7 日华盛顿州雷德蒙德市和纽约州纽约市消息，微软公司和索尼公司今天宣布开始合作，计划促成个人电脑和消费影音电子平台的融合。
>
> 为了促进 PC 和影音平台的融合，两家公司计划相互授权关键软件技术。索尼打算获得微软的 Windows CE 操作系统（为小型电脑设计的 Windows 版本）许可，用于未来的某些产品。同样，微软打算获得索尼的家庭网络模块许可，用于某些版本的 Windows CE。
>
> ……
>
> 微软公司首席执行官比尔·盖茨说：“索尼公司开发消费电子产品的能力是首屈一指的，其产品对广大消费者具有强大的吸引力。我们希望通过我们双方的共同努力能在电脑和影音娱乐领域生产出更多令人振奋的产品和应用程序。”

表面看来双方要共享机遇了，但媒体却指出，盖茨和索尼之间的关系有时并不友好。有一篇报道说，在 PS2 发布之前，盖茨曾与索尼首席执行官出井伸之（Nobuyuki Idei）会面，讨论索尼是否有可能采用微软的编程工具，但盖茨被拒绝了，无功而返。据称这让盖茨非常恼火。出井伸之后来告诉《纽约客》（*The New Yorker*）杂志的肯·奥莱塔（Ken Auletta）说："对微软来说，开放式架构就意味着微软架构。"微软最终独立自主进入了游戏机市场。1999 年，为打造微软的第一款游戏机，盖茨亲自主持招聘了一支睿智的软件工程师团队。微软希望招募到该领域最优秀、最聪明的人，他们必须有能力设计出一炮走红的产品。为此微软还举办了一场后来被称为"选美大赛"的活动。他们设计出的这款产品就是 Xbox 游戏机。该游戏机于 2001 年 1 月 3 日在拉斯维加斯隆重发布，当时盖茨与摔跤手"巨石"强森（Dwayne Johnson）一起走上台。

所谓的"游戏机大战"由此开始了。Xbox 游戏机凭借《光环》（*Halo*）和《死或生》（*Dead or Alive*）等热门游戏迅速走红，到 2005 年已经售出了 2400 万台。尽管 Xbox 销售数据很动人，但那时索尼已经卖出 1 亿台 PS2，仍然是市场的领跑者。不过，微软已经超越了任天堂。

21 世纪头十年，游戏机大战持续火热进行。微软推出了更强大的 Xbox 游戏机版本，特别是 2005 年 5 月 12 日发布的 Xbox 360 游戏机。微软急于将其推向市场，因此导致了一些严重的硬件问题，这些问题最终让微软花费了超过 10 亿美元来解决。尽管如此，到 2022 年 7 月，Xbox 360 游戏机的销量还是达到了 8580 万台，与索尼的 PS 3 游戏机持平。Xbox Kinect 游戏机于 2010 年发布，虽然具备最先进的体感游戏玩法，不过该机没有足够的吸引力，于 2017 年停产。

游戏机大战的激烈程度后来在讽刺喜剧动画片《南方公园》（*South Park*）的一集中得到了展示。在 2013 年的这集动画片中，肌肉发达的盖茨和索尼首席执行官平井一夫（Kazuo Hirai）在南方公园男孩面前展开了殊死搏斗。盖茨以格斗游戏中最残酷的杀戮赢得了胜利。

除了游戏机以外，微软还有其他战场。例如，2000 年谷歌成为世界领先的搜索引擎。考虑到谷歌成立仅两年后就取得了这样的成绩，盖茨一定会感到特别没面子。微软在 2005 年发布了新版 MSN 搜索引擎，但此时谷歌已经遥遥领先，微软已经无法望其项背。然而，微软将被超越的不仅仅是搜索引擎领域。

智能手机

20 世纪 90 年代末，有新迹象表明，计算机技术的未来可能在智能手机。智能手机是一种结合了电话和高级计算功能的手持设备，其前身是个人数字助理（Personal Digital

1998 年，比尔·盖茨首次出席世界经济论坛，这个论坛是在瑞士达沃斯举行的世界是最具影响力领导人的年度聚会。从那以后，他一直是出席这个论坛的杰出人物之一。此照片拍摄于 2005 年 1 月，在世界经济论坛会议上盖茨正在与 U2 乐队主唱波诺（Kazuo Hirai）和英国时任首相托尼·布莱尔（Kazuo Hirai）交谈。

Assistant，PDA）。PDA 本质上是一种掌上电脑，与台式电脑或笔记本电脑相比，功能更弱。微软此前已经凭借 Windows CE 进入了 PDA 操作系统市场。但从 20 世纪 90 年代末开始，智能手机技术经历了指数级创新，成本大幅降低，功能明显增强，并且从日本扩散到世界其他地区。硬件的进步带给人们很多惊喜。例如，加拿大 RIM 公司的黑莓智能手机是 90 年代必不可少的商务工具。许多其他公司也开始大量发布手机，包括诺基亚、爱立信、索尼、高通、摩托罗拉和京瓷。新一代智能手机的特点是拥有可以拍摄视频和照片的摄像头，配有全彩液晶屏幕，并且具备移动互联网接入能力。

2000 年 4 月微软发布了 Windows Mobile 操作系统，该系统是 Windows CE 的升级。微软试图通过 Windows Mobile 操作系统保持竞争力，与塞班（Symbian）和 Palm 操作系统[1]争夺市场份额。但此时微软的发展规划为后来出现的问题埋下了祸根。如果我们回顾盖茨和鲍尔默 2005 年接受采访时说的话，我们会发现微软对未来的规划似乎仍然是以软件为导向的。2005 年 5 月，来自科技新闻网站 tEngadget[2] 的彼得·罗杰斯（Peter Rojas）采访了盖茨。罗杰斯向盖茨仔细地询问了微软推进 Windows Mobile 的计划，并且问盖茨的目标是不是想让 Windows Mobile 在智能手机市场上产生与 Windows 在 PC 市场上一样的影响。盖茨回答说："嗯，总要有大量的操作系统。手机里总要有大量的软件栈。我们正在尽我们所能开发最好的软件，我们有很多想法可以让手机变得比现在更好。"盖茨此时是将智能手机市场视为一个软件竞技场。但 2007 年发生的两件事让这个竞技场变了天。第一件是苹果推出了

---

❶ Palm 操作系统也称为石榴石操作系统，最初是由 Palm 公司于 1996 年开发的。——编者注

❷ 原文为 Endgadget，疑为作者笔误，已纠正。——译者注

iPhone，这是对智能手机概念的彻底颠覆，让智能手机市场上的大部分产品要么显得过时，要么立遭淘汰。2007 年，苹果卖出了 140 万部 iPhone。第二年，这一数字跃升至 1163 万部。2010 年销量接近 4000 万部，营收 250 亿美元。

对微软来说，iPhone 带来的打击是巨大的，但 2007 年微软还遭受了另外一次重击。同年 11 月，由谷歌领导的 34 家主要科技公司组成的开放手机联盟（Open Handset Alliance，OHA）宣布推出安卓（Android）手机操作系统。（后来加入开放手机联盟的公司达 84 家。）与微软的操作系统不一样，安卓是开源的，这也是该系统得以迅速推广的原因。2008 年第一款安卓手机 HTC Dream 发布，随后安卓系统很快占据了 80% 的智能手机操作系统市场份额。

在新兴的智能手机时代，苹果和安卓的联手挤压削弱了微软在硬件和软件方面的权威。盖茨也试图进入硬件领域，但为时已晚，而且他在多大程度上愿意迈出这一步还有待商榷（见下文）。2014 年，微软以 72 亿美元的价格收购了诺基亚的手机业务并成立了微软移动子公司来销售诺基亚设备。

这个由史蒂夫·鲍尔默主导的决定最终成了微软历史上最大的战略失败之一。在接下来的一年里，公司资产减记 76 亿美元，并被迫裁员 7800 人，裁员主要发生在手机业务中。2016 年，微软卖掉了亏损的手机业务，并在 2017 年宣布不再

总的来说，微软的软件对全球教育事业产生了深远的影响。比尔·盖茨将教育描述为“你可以用来改变世界的最强大工具”。此照片拍摄于 2004 年 7 月 1 日，比尔·盖茨正在访问北京的一所中学，他一边展示微软平板电脑一边回答中国学生的问题。

比尔·盖茨获得过许多学术荣誉。此照片拍摄于 2007 年 4 月的中国，清华大学授予他荣誉博士学位。

开发新的 Windows 手机。

在这场智能手机竞赛中微软被彻底打败了。何以发生这种事，公众认为这涉及盖茨与鲍尔默之间的关系。据报道，在盖茨表面上把公司控制权交给鲍尔默之后，他们之间的关系发生了重大变化。当然，盖茨对自己在智能手机竞争的惨败中所扮演的角色深表遗憾。2016 年 1 月 22 日，在瑞士达沃斯世界经济论坛上，他在接受采访时表示，允许谷歌开发安卓系统（谷歌于 2005 年收购了原来的安卓公司）是他“最大的失误”。之所以发生这种失误，与他个人的“管理不善”以及各种反垄断官司的干扰都有关系。2004 年起，微软在欧盟又面临一场重大的反垄断诉讼，最终导致该公司被罚款 4.97 亿欧元，合 6.13 亿美元，同时欧盟要求该公司向竞争对手公开某些协议并开发新版 Windows XP 平台。盖茨惋惜地承认，如果微软抢得了智能手机市场先机，“我们就是那家成功的公司。但是，唉，好吧”。对于那个时期发生的事，史蒂夫·鲍尔默也分享了他的看法。我们应该记得，在鲍尔默接替盖茨担任首席执行官之前，两人是非常要好的朋友——鲍尔默甚至在盖茨和梅琳达的婚礼上做了盖茨的伴郎，但鲍尔默在接手首席执行官一职后，一切似乎都发生了变化。2016 年 11 月出版的《名利场》（*Vanity Fair*）杂志刊载了对鲍尔默的采访。鲍尔默在采访中说，在他担任首席执行官的第一年，“我们度过了非常痛苦的一年。盖茨不知道如何为别人工作，我也不知道如何管理比尔。我不确定后来我是否学会了如何管理他”。《华尔街日报》此前曾报道过他们俩在岗位交接过程中出现的问题，报道称二人曾经有过争吵和对抗。据说鲍尔默曾说，一旦盖茨离开，“我什么都不需要他做。这是原则。用他，可以，但其实不需要他”。2016 年鲍尔默接受彭博电视台采访时认为智能手机问题是导致双方关系破裂的诱因，他说：“我觉得，在硬件业务的重要性方面，我们二人存在根本性分歧……围绕着如何开展手机业务这个问题，我们的矛盾达到了高潮。我当然想收购诺基亚，但董事会起初不同意，后来又同意收购了，但此时我已经决定离开微软了……如果以某种方式实施，我认为是很有意义的。”鲍尔默认为，微软本应更早进入智能手机市场的，但开发 Windows Vista 分散了微软的精力，占用了大量软件工程师的时间。

很难界定这个时期盖茨与鲍尔默的斗争造成的影响有多大。当然，随着世界的关注点从 PC 转移到其他设备上，盖茨似乎不太擅长适应 21 世纪的格局。毕竟，盖茨只是 PC 先驱。此外，到 21 世纪初，微软已经是一家规模庞大的公司了，可能在思维和管理上失去了初创时期的灵活性。

但我们绝不能因为微软在某些战役中的失败就得出结论说它输掉了这场战争。在 21 世纪头十年，微软仍然是全球计算机领域最强大的公司之一。比尔·盖茨最初的设想是在每个家庭的每张桌子上都有一台运行微软软件的电脑，这一设想并没有真正实现，但人类与数字世界之间的界面主要还是由微软设计制造的。

2008 年后，盖茨仍积极参与微软事务。2013 年，鲍尔默离开了微软，转向新的领域，微软首席执行官一职由萨提亚·纳德拉（Satya Nadella）接任。2014 年 2 月，盖茨辞去了公司董事长职务，但仍担任萨提亚·纳德拉的“技术顾问”。盖茨向媒体讲述了他工作生涯的新阶段：“萨提亚请我出来工作，我很激动，大大增加了我在公司的时间。我将用三分之一以上的时间与产品团队会面，一起研究确定下一轮产品，这是很有趣的事。”

走向成熟

2015 年，微软庆祝了它的 40 岁生日。比尔·盖茨写了一封信来纪念这个日子，这一举动是非常合适的。信的内容符合他的经典风格，世界各地的媒体纷纷转载。不管过去发生了什么，盖茨都不是一个活在过去的人。他在信的开头说了几句怀旧的话，然后就迅速转向了对未来的乐观展望：

明天是一个特殊的日子：微软成立 40 周年纪念日。

早些时候，保罗 · 艾伦和我设定了一个目标，让每个家庭、每张桌子上都有一台电脑。这是一个大胆的想法，很多人认为我们疯了，认为那是不可能的。那以后，计算机技术取得了令人叹为观止的进步，而我们都可以为微软在这场革命中所扮演的角色感到自豪。

然而今天，我更多的是在思考微软的未来，而不是它的过去。我相信，未来 10 年，计算机技术的发展将比以往任何时候都要快。我们现在已经生活在一个多平台的世界中，计算机将变得更加普及。我们正在接近这样一个时刻：计算机和机器人将能够自然地理解、移动和互动，从而解锁许多新应用，让人类变得更加强大。

……

在未来的岁月里，微软在世界各地将有可能影响到更多的人和组织。对许多人来说，科技现在仍然遥不可及，因为对他们来说科技要么太复杂，要么太昂贵，或者他们根本没机会接触。因此，我希望你们能思考一下你们能做些什么，让技术的力量惠及每一个人，让人们彼此联系起来，让个人计算无处不在，让 PC 的功能进入所有设备。

在我们公司成立的 40 年里，我们一起取得了很多成就，并使无数企业和个人充分发挥了潜力。但现在最重要的是我们接下来要做些什么。感谢你们帮助微软成为一家现在和未来几十年都很出色的公司。

2006 年 6 月 15 日是一个数字时代的终结：比尔·盖茨宣布他将逐渐从这家他 40 多年前创立的公司中退出，不再参与日常工作，仅担任公司董事长。此照片中他与微软首席执行官史蒂夫·鲍尔默（左）一起宣布了这一消息。盖茨表示，他将把更多的精力投入到比尔及梅琳达·盖茨基金会的活动上。盖茨对记者说："史蒂夫·鲍尔默是我能想象的微软最佳首席执行官。"

盖茨最终将在 2020 年退出微软董事会，专注于慈善事业。但很明显，无论到什么时候，微软的一部分将永远属于比尔·盖茨。

BILL GATES

第五章
回报社会

2008 年 1 月，比尔 · 盖茨的人生出现了拐点。他从 20 世纪 70 年代开始执掌微软，兢兢业业工作了几十年，现在他想退出微软的日常工作，让其他人来做这个掌舵人。但他依然雄心勃勃，依然想改变世界，只是要用不同的方式。

那年 1 月，盖茨在达沃斯世界经济论坛上发表演讲，他一反常态地使用了一种自我反思的语气（并加入了一些幽默），然后他向自己也向在场的要人们抛出了一个难题：

> 大家可能都知道了，今年 7 月我会做出重大的事业调整。我没什么担心的，我相信自己仍然有市场。我是一个勤快人，而且精通 Microsoft Office，我想这就可以了。我还在学习如何捐钱。所以，这是我最后一次作为微软的全职员工参加达沃斯论坛。我们中的一些人很幸运，能够在人生的某个时刻停下来，反思自己的工作并说出："我的工作太棒了。它好玩、刺激、有用，我可以一直做下去。"但每过一段时间，我们都

该回顾前面的历程并扪心自问：到目前为止，我都实现了什么？我还想实现什么？30 年前，20 年前，10 年前，我全力以赴用软件的魔力改变世界。我认识到技术上的突破可以解决关键问题。技术突破确实为数十亿人解决了问题，而且解决的问题越来越多，但是，这种突破带来的改变主要面向那些有购买能力的地方，仅面向有经济需求的地方。不过，经济需求与经济需要是两回事。数十亿的人需要计算机时代的伟大发明，他们还有很多的基本需要，但又无法通过与市场相关的方式来表达这种需要，所以他们什么都得不到。如果我们想要改变他们的生活，就需要有另一个层次的创新。我们不仅需要技术创新，还需要制度创新，这就是今天在达沃斯我要和大家讨论的问题。

盖茨这番话令人耳目一新。他解释了他对自己人生方向的根本性重新评估，他要关注世界上穷人和弱势群体的需要，而不是发达国家的特权群体。但前方的诸多挑战仍集中在技术方面，这是盖茨擅长的领域。

捐赠誓言

2010 年 6 月，比尔·盖茨、梅琳达·盖茨和他们的密友沃伦·巴菲特（Warren Buffett，也是世界上最富有的人之一）宣布启动“捐赠誓言”倡议，为今后的慈善事业提出了一个大胆的模式。签署誓言的人承诺他们将在一生中把大部分财产捐赠给公益事业。比尔和梅琳达在承诺书原件中解释了他们的决定：

> 我们两个人都很幸运，从小父母就教会了我们一些非常重要的价值观：努力工作、尊重他人、具有幽默感。如果你的人生恰巧拥有了天赋或财富，你有责任尽可能明智地使用这些馈赠。现在我们希望把这种传统传给我们的孩子。
>
> 我们感到非常幸运，有机会共同努力将我们管理的资源回馈给社会。我们确信通过加入捐赠誓言行动，通过我们和团队的时间付出，这些回馈一定会产生更好的效果。我们期待和大家共享这份对我们来说十分美妙的经历，也期待从他人的经历中学习。

这封信表达了他们的感激之情。因为世界给了他们很多，他们想要回馈世界。该誓言的主体部分概括了他们要为之努力的两个主要领域：弱势群体的教育问题和全球卫生方面的挑战，特别是消除可预防的疾病。这些远大目标通常是政府的目标。然而，很快就有许多人签署了“捐赠誓言”。到 2010 年 8 月，共有 40 人签署，涉及的总金额高达 1250 亿美元。截至 2022 年 12 月，共有来自 28 个国家的 236 人签署。

比尔·盖茨一直信守捐赠誓言。自基金会成立以来，他将大量个人财富投入比尔及梅琳达·盖茨基金会（BMGF）的重要事业中，还参与了多个其他慈善项目。有人根据比尔·盖茨的公开声明估算，他在有生之年共将捐出全部财富的 99%。

但盖茨慈善事业的规模并不仅仅限于他的个人财产。比尔及梅琳达·盖茨基金会已成为世界第二大慈善基金会，其财力可比肩甚至超过许多小国。在本书撰写时，该基金会已有 1736 名分布在全球各地的员工。截至 2021 年底，基金会自成立以来发放的补助金总额已达惊人的 656 亿美元，捐助的款项总额达 700 亿美元。从创立到 2022 年，比尔和梅琳达向基金会支付了 591 亿美元的个人资金（沃伦·巴菲特也向该基金会支付了 357 亿美元）。正如我们将看到的那样，这些钱在全球产生了实实在在的影响。

有些人习惯性地把盖茨视为大资本家，因此他在慈善和非营利领域的贡献可能会让这些人产生一些认知失调。当然，在微软，盖茨把自己塑造成了一个强势的逐利者，以无情打击竞争对手而闻名。史蒂夫·乔布斯曾对《滚石》（*Rolling Stone*）杂志的记者杰夫·古德尔（Jeff Goodell）说："比尔的问题在于，只要是经他手的钱，他想从每一美元中拿走五美分。"在财务和投资方面，盖茨始终是一个精明的经营者形象，执着于商业利润，利润给了他创新的动力，否则就不会有创新。

但盖茨也在不断修正自己对利润的态度，他将利润视作一种可能性，一种改革和重塑世界的可能性，他想让世界变成一个对人类而言更美好的地方。他在比尔及梅琳达·盖茨基金会付出的努力也招来一些非议。盖茨目前在新闻界和社交媒体上的名声时而是阴谋控制全球的超级科技反派，时而是为穷人和弱势群体奋斗的改革圣徒。这两种极端的描述都不准确。其实，盖茨似乎既受到真正利他主义的驱动，也受到理性乐观主义驱动，在他看来世界是一个不完美的系统，需要用创新、技术、科学进步来修复。因此，在某种程度上，盖茨的慈善事业意味着微软的延续，只是在非常不同的领域。

慈善开端

慈善一直流淌在盖茨家族血脉中。比尔的父母都积极投身重要的社会公益事业，他们既是筹款者也是捐款者，他们认为不能把钱花在放纵和享乐上。盖茨本人从 20 世纪 90 年代真正开始参与公益活动，那是微软的全盛时期。1994 年，比尔和梅琳达创立了威廉 · H. 盖茨基金会（William H. Gates Foundation），该组织以盖茨父亲的名字命名，盖茨父亲捐款 1.06 亿美元，担任基金会经理。基金会的慈善网络分布广泛，不仅为全球健康问题筹款，也为美国西北部盖茨家附近的社会问题筹款。

1997 年，比尔和梅琳达又创立了盖茨图书馆基金会（Gates Library Foundation），意在实现盖茨将教育和技术相融合的设想，比尔 · 盖茨影响社会变革的战略又推进一步。在当时的北美，只有不到四分之一的公共图书馆可以上网，而且在许多情况下，只有工作人员才可以上网，读者并不可以。盖茨希望推动计算机和互联网进入美国和加拿大低收入地区的图书馆，以消除贫富地区之间的知识失衡。微软在这方面已有一些经验。此前微软在 1995 年 12 月发起的“图书馆在线计划”有着类似的目标，就是将信息技术引入偏远或资金不足的公共图书馆。在那个试点项目中，北美的 200 家图书馆总共获得了 1700 万美元的软件资助。

盖茨图书馆基金会对美国各地的数百所学校和社区产生了显著的影响。此照片拍摄于 1996 年 11 月 27 日，盖茨在洛杉矶市长理查德·莱尔登（Richard Riordan）的陪同下，在洛杉矶的一个公共图书馆为学生提供指导。同一天，他宣布向该市的图书馆捐赠 110 万美元。

在图书馆基金会成立的新闻稿中，盖茨亲自讲述了图书馆在他个人生活中的重要性，以及数字接入对教育的影响：

> 当我还是个孩子的时候，图书馆就在我的生活中扮演着重要角色。过去几年，我有机会参观了许多图书馆，并亲眼看到人们如何利用个人电脑和互联网完成从找工作到学期论文写作的众多事情。我看到了这

项技术赋予人们的力量，也更加坚信电脑确实可以改变他人的生活。

比尔及梅琳达·盖茨基金会

普及数字接入的观点带有民众化的色彩。盖茨认为，那些被数字未来拒之门外的人，不管手头上还有什么其他资产，都是被剥夺了权利的人。2014 年，盖茨在斯坦福大学第 123 届毕业典礼上发表演讲，他指出数字民众化从一开始就影响着微软：

我和保罗·艾伦创办微软时就是想让全人类知道计算机和软件的力量——这就是我们的愿景。这个领域有一部先驱书籍，其封面是一个举起的拳头，它就叫《计算机解放》（*Computer Lib*）。那时，只有大企业才能买得起计算机。我们希望把这种权利带给普通人，实现计算机的民众化。到了 20 世纪 90 年代，我们看到个人电脑深刻地赋予了人们力量。但这种成功又带来了一个新的困境：如果富人家的孩子有电脑，而穷人家的孩子没有，那么科技就会让不平等变得更糟。这与我们的核心信念背道而驰，我们认为科技应当造福每个人，所以我们努力缩小数字鸿沟。我把它视为微软最重要的事，我和梅琳达也把它视为我们基金会早期最重要的事，并向公共图书馆捐赠个人电脑，以确保每个人都能使用。

1999 年，盖茨图书馆基金会更名为盖茨学习基金会（Gates Learning Foundation），这表明盖茨对教育事业有了更广泛的兴趣和更多资助意愿。该基金会包括“千禧年学者计划”（Millennium Scholars Program），在接下来的 20 年里，该计划将向 2 万名少数族裔学生提供奖学金，让他们接受高等教育。

据比尔及梅琳达·盖茨基金会官网显示，1997 年比尔和梅琳达的慈善事业迎来了一个关键时刻，那就是他们受到了一篇调查性新闻报道的启发，即《1993 年世界发展报告》（*1993 World Development Report*）。这是一次启迪灵魂的阅读。该报告指出可预防疾病在全球造成了灾难性的人口减少，特别是对年幼和饥饿的人口造成减损。盖茨受到刺激，决定采取行动，他给父亲写了一封信，说：“爸爸，也许我们可以做点什么。”

另一个让盖茨顿悟的时刻出现在 20 世纪 90 年代中期，当时他去了南非的贫民区，到了一个黑人城镇，镇里只有一个电源插座。他在接受《纽约时报杂志》（*New York Times Magazine*）采访时总结说：“我环顾四周，心想，嗯，在这个小镇，电脑也许不是最重要的东西。”

盖茨的内心燃起了恒久的热情，他要为发展中国家做些什么，尤其是在医疗领域。地球上的大部分地区，特别是非洲，一直没有引起西方医学创新的重视，因为这些地区不能为销售和投资提供高回报的市场。盖茨决心改变这种状态，于是做出了一些关键举措。例如，盖茨基金会注意到全球每年有 100 多万人死于疟疾，因此在 1999 年为建立疟疾疫苗倡议（Malaria Vaccine Initiative）投入了 5000 万美元。要知道，当时全球用于疟疾研究的支出总共只有大约 6000 万美元。基金会还资助了儿童疫苗项目（Children's Vaccine Program），资助总额达 1 亿美元，主要针对白喉、麻疹、脊髓灰质炎、破伤风和百日咳等疾病。此外，基金会还投入大量资金专门用于研究获得性免疫缺陷综合征（艾滋病）疫苗。艾滋病是一种特别残酷的疾病，在撒哈拉以南非洲造成了极大的破坏性。基金会的其他医疗目标还包括为检测和治疗宫颈癌提供资金。

截至 2000 年，盖茨基金会每年在全球健康倡议上的支出约为 4 亿美元。同年，基金会通过一个五年资助计划向新成立的全球疫苗和免疫联盟（The Global Alliance for Vaccines and Immunisation，GAVI）捐款 7.5 亿美元，该组织致力于在发展中国家开展大规模疫苗接种。基金会还公开支持在 2015 年前实现联合国千年发展目标（Millennium Development Goals）。它们

此照片是比尔·盖茨（中）与阿鲁玛·奥泰（Arunma Oteh）（左）和弗朗索瓦丝·恩达伊什米耶博士（Dr Francoise Ndayishmiye）在2009年伦敦数据报告发布现场，该报告审视了2005年八国集团抗击非洲极端贫困承诺的执行情况。

还力争在服务全球和服务家乡之间找到平衡，2000年，比尔和梅琳达发起了“海湾之家”（Sound Families）项目，旨在解决华盛顿州皮吉特海湾（Puget Sound）地区的无家可归问题。

全球影响

随着比尔和梅琳达·盖茨的人道主义活动在国际上变得越来越重要，对此进行合理整合的时候到了。2000年，他们将自己的公益活动合并到比尔及梅琳达·盖茨基金会。这个组织对全球福祉有着深远影响，并真正改变了全球数百万人的生活。2022 年 7 月 13 日，比尔·盖茨发布了一条相当简洁的推文，但字里行间都能让我们感受到基金会的远大抱负："基金会在解决重大问题中发挥的作用让我倍感骄傲，这些问题包括预防流行病、减少儿童死亡、消除疾病、提高粮食安全和气候适应、实现性别平等以及提高教育效果。"比尔及梅琳达·盖茨基金会显然不是一个针对单一问题的机构，该机构是根据关注的重点分成若干业务部门。本书会逐个介绍每个部门，不仅是为了突出它们承担的具有里程碑意义的工作，而且还是为了更多展示盖茨的理念和优先事项。比尔及梅琳达·盖茨基金会的工作体现了盖茨将科学和利他主义相融合的理念，也让我们了解了盖茨对他所谓的"数字神经系统"（Digital Nervous System，DNS）的倡导——在人类为之努力的许多领域，如果没有信息，我们就做不了任何有意义的事情。（下一章我们会更详细地解释数字神经系统。）

我们从基金会的性别平等部开始介绍，其描述如下：我们的性别平等部努力确保非洲和南亚的女性能享有良好的健康、做出自己的选择、赚取自己的金钱，并成为其社会的领导者。该部门的工作包括：进行社会改革以提高女性的地位；开展计划生育以确保发展中国家的女性能够获得有效的生育控制；关注产妇、新生儿和儿童健康，提高女性的主导地位，

“特别是在卫生、法律和经济领域”；为女性提供经济支持，让她们能产生自己的收入。尽管我们永远不能忘记梅琳达在基金会中有着同样重要的推动作用，但可以说，比尔及梅琳达·盖茨基金会的这个部门至少在一定程度上反映了女性榜样在盖茨一生中的强大作用（特别是他的母亲和妻子），以及他对女性问题背后逻辑的严肃态度。事实上，基金会的网站上写道：“我们相信，低估女性的价值是我们基金会正在努力解决的所有问题的根源。”

此照片拍摄于 2016 年 11 月 22 日，在华盛顿特区白宫东厅举行的仪式上，美国总统奥巴马正在给比尔·盖茨夫妇颁发总统自由勋章。

盖茨明确地倡导平等，但与此同时，他也会从一种特定的观念和实用主义立场来看待这个问题。2020 年 11 月，盖茨与美国女演员拉什达·琼斯（Rashida Jones）合作了两期网络视频。在第二期视频中，他们两人深入探讨了性别和财富不平等的问题。第二个问题涉及贫富差距这个可能令人尴尬的话题。琼斯问盖茨平等是否“不可避免”，盖茨给出了极其微妙的回答：

> 每个国家都在努力寻找一种平衡——既有一定的流动性和社会保障，又鼓励努力工作和创新。

在整个采访过程中，盖茨对琼斯提出的偏左的解决方案进行了反驳。盖茨一直强烈反对自上而下的强制平等，相反，他希望打开机会之门，消除实际的教育和医疗方面的障碍，使个人的优势得以发挥，成功自然会随之而来，从而实现平等。他本质上是个人主义者，但也关心社会层面发生的事情。

比尔及梅琳达·盖茨基金会全球发展部的工作重点是“进一步向世界上最贫困的社区提供有最有用的健康产品和服务，并帮助各国扩大健康保险的参保人群”。该部门的一个工作重点是救灾，最有影响力的项目是关于疫苗接种的。对盖茨来说，实施疫苗接种计划的逻辑在于，疫苗每针只需几美元，就可以保护一个人免受常见疾病的侵害，而这些疾病却导致数十万未接种疫苗的人死亡，因此，一个国家如果疫苗接种情况很好，就是在保护其福祉、人口、经济和未来发展。

比尔及梅琳达·盖茨基金会的疫苗接种计划针对的是世界上卫生条件最糟糕的地区，试图保护这些地区免受可预防疾病的影响，如肺炎、轮状病毒、脊髓灰质炎、麻疹和霍乱。前面介绍过，1999 年，盖茨基金会向全球疫苗和免疫联盟承诺了 7.5 亿美元的捐款，从那时起，这项投资已经达到数十亿美元，成为比尔及梅琳达·盖茨基金会投入最多的一个领域，也产生了深远的实际影响："接受捐款最多的是全球疫苗和免疫联盟。从 2000 年到 2021 年，该联盟及其合作伙伴为近 10 亿儿童接种了疫苗，让大约 1500 万儿童免于死亡。"我们可以把基金会在清除脊髓灰质炎方面的努力看作一个有代表性的善举。1988 年，脊髓灰质炎殃及全世界 125 个国家，每天约有 1000 名儿童因此瘫痪。随着全球消灭脊髓灰质炎行动（Global Polio Eradication Initiative，GPEI）的启动（比尔及梅琳达·盖茨基金会是其主要合作伙伴），现在仅有两个国家（阿富汗和巴基斯坦）还存在新发野生脊髓灰质炎病例了。2020 年，世界卫生组织（World Health Organization，WHO）证实，整个非洲区域已没有新发野生脊髓灰质炎病例了。

2019 到 2022 年的新冠病毒大流行期间，盖茨与疫苗的关系达到了公认的新高度。他坚持不懈、直言不讳地倡导加快开发并推广新冠疫苗，但他也担心过度关注这一特定疾病阻碍了针对其他关键疾病的常规性全球免疫计划。鉴于盖茨的地位，有件事几乎一定会发生，那就是他支持新冠疫苗的动机会受到质疑和一些负面解读。例如，2022 年 9 月，美国时事网站 Politico 发布了一篇特别报道，题为《比尔·盖茨及其合作伙伴如何在几乎没有监督的情况下利用其影响力控制全球疫情应对》（*How Bill Gates and partners used their clout to control the global Covid response — with little oversight*）。总的来说，它批评比尔及梅琳达·盖茨基金会（以及另外三个全球卫生组织）一方面承诺缩小富国和穷国之间的平等差距，一方面又“使低收入国家没有救命的疫苗”。报道还声称，其中三个组织的领导人（包括比尔·盖茨）反对取消针对疫苗的知识产权保护，而这种取消却有助于在发展中国家挽救生命。这篇报道可以说是最犀利的指控。2022 年 4 月，盖茨确实反对过一个提议，他反对暂停执行世界贸易组织《与贸易有关的知识产权协定》（*Agreement on Trade-Related Aspects of Intellectual Property Rights*，*TRIPS*），他反对在新冠疫情期间强制暂停与新冠相关的专利。但值得注意的是，2021 年 5 月，时任比尔及梅琳达·盖茨基金会首席执行官的马克·苏兹曼（Mark Suzman）宣布，基金会实际上支持暂时取消疫苗专利保护。

比尔·盖茨已经成了阴谋论者的众矢之的。此照片拍摄于2020年8月，照片中伦敦的一名抗议者轻率地将盖茨与新冠疫情联系起来。

公正地讲，盖茨是一个天生的实用主义者。任何妨碍制药业投入大量时间和金钱生产疫苗的事情都有可能产生灾难性的不良后果。在抗击疫情所需的大规模生产方面也存在一些复杂的问题。

尽管新冠病毒的威胁（至少在撰写本书时）已大幅减轻，但盖茨对未来的情况并没有那么乐观的预计。他高瞻远瞩地认为世界上还会有其他流行病，其中一些流行病的致命性可能比新冠大得多。2022年，盖茨出版了一本新书，名为《如何预防下一次大流行》（*How to Prevent the Next Pandemic*），书名充分体现了他的观点。书中盖茨详细预警了即将到来的威胁，对于世界如何应对这些威胁，他从研究、科学、准备等方面提出了具体的观点，并乐观地认为：如果努力方向正确，新冠可能成为世界上最后一个大流行病。这本书还对盖茨与技术的关系、解决问题的方法做出了最简明、最令人难忘的总结："我是一个技术爱好者。创新是我的锤子，我试着用它敲打我见到的每一枚钉子。"

比尔及梅琳达·盖茨基金会下设全球增长与机遇部（Global Growth and Opportunity Division），该部门"专注于创造和扩大基于市场的创新，旨在刺激包容和可持续的经济增长"。该部门的工作由五个分支机构执行：农业发展、贫困人口金融服务、全球教育计划、营养、水资源与环境及个人卫生。最后一个分支机构的名称清楚地表明，比尔及梅琳达·盖茨基金会准备解决一些最令人讨厌的社会问题。事实上，比尔·盖茨本人对人类污水的安全处理问题近乎着魔，他曾亲自查看对人类健康极为有害的粪便污水被直接排入当地社区的饮用水河道。

2011 年，该基金会发起了"重塑厕所"挑战赛，向全球工程师发出挑战，要求他们设计出不需要连接供水管道、电网和下水道的低成本厕所。这一倡议包括 2018 年在中国北京举办一场大型的"新一代厕所博览会"（Reinvented Toilet Expo）。在该博览会上，盖茨和潜在的制造商观看了各种厕所设计的演示。其中一些设计现在已经在发展中国家的家庭和公共空间中发挥了作用，改变了人们的生活。比尔及梅琳达·盖茨基金会还大力投资新型污水处理厂，特别是投资万能处理器（Omni Processor）技术，这项技术可以将粪便污泥转化为一种生物无害材料，同时还能产生有用的副产品。比尔及梅琳达·盖茨基金会资助的最重要的产品之一是由Sedron技术公司（其前身为Janicki生物质能源公司）生产的Janicki万能处理器，它通过燃烧将粪便污泥转化为灰烬、电和饮用水。盖茨曾在多个电视节目中畅饮几小时前还是人类粪便的水。其中一台机器于2015年被安装在了塞内加尔首都

此照片拍摄于2018年11月在北京举行的新一代厕所博览会。技术创新、大量研究资金以及盖茨对全球卫生的投入促成了这次博览会。

达喀尔市（Dakar），该机器可以处理多达 10 万人的排泄物。

基金会下设全球卫生部（Global Growth and Opportunity Division），“旨在通过开发新的工具和策略来减少发展中国家的传染病和儿童死亡，从而减少卫生方面的不平等现象”。该部门的工作范围很广，包括肠道和腹泻疾病、艾滋病、创新技术解决方案、疾病建模研究所、被忽视的热带病、肺炎、结核病，以及疫苗开发与监测。然而，该部门最引人注目的工作之一是应对全球的疟疾问题，全球每年约有 100 万人死于疟疾。2007 年媒体上的一条新闻清楚地表明了盖茨夫妇在应对疟疾方面的雄心壮志："比尔和梅琳达·盖茨今天呼吁全球领导人支持‘实现一个大胆的目标——有一天地球上没有人患疟疾、没有蚊子携带疟原虫’。"

该基金会还有两个部门，分别是全球政策倡导部（Global Policy and Advocacy Division）和美国项目部（US Program Division）。全球政策倡导部“旨在建立战略合作关系并倡导有助于我们推进工作的政策”，尤其关注发展政策与财政、慈善合作伙伴关系，以及烟草控制。美国项目部是该基金会在美国的发展部门，其中包括为学龄前儿童、中小学生和大学生提供有效的教育解决方案。

正如我们将在下一章读到的那样，虽然盖茨对教育的态度有些特立独行，但他非常重视教育。他曾公开表达了对美国低收入家庭儿童教育不足问题的严重关切。他指出，如果你出生在美国的贫困家庭，那么你进监狱的可能性比你完成四年大学的可能性还要大。通过该基金会，盖茨深入思考了教育成果改善的指标，其中包括：全面提高教师质量和教学质量，提供更好的课程支持和专业培养；把数学作为最重要的核心学科；减少教育中的种族不平等；提供更多信息技术资源和优质的参考资料；利用数据来完善教育模式。

总体而言，该基金会的雄心壮志让人觉得这简直是不可能实现的。但盖茨就是要回馈社会，只有当我们看到基金会正在解决的问题时，我们才能理解该基金会的远大抱负。比尔·盖茨让自己成为世界上最富有的人，也让微软公司成为世界上最赚钱的公司之一。多年持续的商业增长使得盖茨的人道主义事业和慈善事业的未来成为可能。

气候控制

虽然比尔·盖茨几年前就从微软掌舵人的位置上退下来了，但他仍然是一位精明的商业经营者，尤其是就他非常广泛的投资组合而言。例如，比尔及梅琳达·盖茨基金会持有伯克希尔·哈撒韦公司（Berkshire Hathaway，沃伦·巴菲特的一家公司）、废物管理公司（Waste Management Inc.）、加拿大国家铁路公司（Canadian National Railway company）、卡特彼勒公司（Caterpillar Inc.）和薛定谔公司（Schrödinger Inc.）等公司的大量股份，这些投资到2022年的总价值约为190亿美元。他个人持股或投资的公司包括汽车零售商汽车王国（AutoNation）公司、航空制造商日蚀航空（Eclipse Aviation）公司、科学家社交网络服务商研究之门（ResearchGate）公司、卫星视频广播公司地球此刻（EarthNow）公司和数字图像提供商科尔维斯（Corbis）公司。但纵观他的全部投资选择，我们发现环境是反复出现的一个主题。

在撰写本书的过程中，一位朋友给我看了她在社交媒体上闲逛时发现的一个吐槽话题。那个发起吐槽的人发现了一张照片，照片上飞机的尾迹（吐槽的人称其为“化学尾迹”）从地平线划过天空。尽管我们大多数人可能认为这只是工业时代的一个简单现象，但发这个帖子的人（以及与她互动的人）声称，这是比尔·盖茨正在试图通过改变思维的化学物质来控制地面上的人群。显然，他们还可笑地认为，在房子外面放一碗白醋就足以抵御这种大胆的思维控制。

许多阴谋论都与实际的真相相去甚远。虽然上述帖子中所描绘的飞机尾迹与盖茨无关，只是正常的飞机发动机排气而已，但盖茨已经为哈佛大学的平流层受控扰动实验（SCoPEx）提供了资金支持，该实验正在研究向大气中喷洒无毒的碳酸钙粉尘来抵消全球变暖的影响。那么，盖茨为什么要把注意力转向所谓的“地球工程”呢？

2021 年，盖茨出版了他的另一本里程碑式的著作《气候经济与人类未来》（*How to Avoid Climate Disaster: The Solutions We Have and the Breakthroughs We Need*）。这是一本雄心勃勃的、满是数据的著作，盖茨在书中发出了一个令人不安的预言：“如果不做其他改变，世界将继续产生温室气体，气候变化将继续恶化，这对人类的影响很可能是灾难性的。”考虑到盖茨既是个见多识广的人又是个乐观主义者，他这样说并不是在夸大其词。

盖茨从事及资助气候变化研究已超过 15 年，这使他拥有了学术圈以外的人罕有的专业知识水平。正如我们所期待的那样，科技给我们带来了一丝摆脱厄运的希望。盖茨认为创新，突破性的创新——是我们战胜气候变化的最佳机会。因此，他资助了一大批高风险的初创企业，这些企业可能只是持有一把或几把金钥匙。盖茨通过基金会致力于实现全方位的改革，几乎关注了影响气候变化的所有因素：我们在制造业中使用的材料类型；能源生产和消耗；工业流程效率；回收利用政策和做法；如何从大气中捕获碳；利用地质水压发电；制造基于植物的肉类替代品（从而减少排放甲烷的牲畜数量）。方方面面，盖茨都关注到了。

对盖茨来说，关注这些因素绝不仅仅是出于科学爱好。盖茨是全球应对气候变化的领军人物。在2015年巴黎联合国气候变化大会上，盖茨作为核心人物启动了两个重大项目——创新使命（Mission Innovation）和突破能源（Breakthrough energy）。前者是一个国际政府项目，旨在将无碳能源的研究和开发投入翻倍；后者是一个投资者向高风险的清洁能源初创企业投资的项目（盖茨本人向该项目投资了10亿美元）。

盖茨的目标很远大，因为他认为这种高水平的创新是成功的唯一机会。他是个遵循逻辑的人，认为目前的绿色能源解决方案（风能、海洋能、太阳能等）永远无法完全填补能源缺口，所以他也是泰拉能源公司（TerraPower）的主要投资者之一，这家美国公司正在开发下一代核反应堆，它更便宜、更高效、更易于建造，而且不产生有害废物。

总而言之，盖茨对全球创新的投资可能就像安装了Windows操作系统的个人电脑一样，将塑造未来世界。他的设想也可能受到技术力量之外的政治、社会和人为因素的制约。但显而易见的是，盖茨在知识、道德、资金上都对这个世界进行了投资，他的目标是为后人留下一个更美好的地球。

爱情故事

盖茨的慈善和人道主义努力体现了他性格中面向公众的一面。然而，如果一部盖茨的传记不谈他的私人关系，那么这部传记是不完整的，至少应该适当谈谈那些对他的个人形象和工作有影响的私人关系，因为比尔及梅琳达·盖茨基金会含有两个人的名字。比尔和梅琳达建立了一种永久的伙伴关系，他们成年后的大部分时间都是作为夫妻一起度过的，尽管这种关系于 2021 年结束了。为了正确地理解比尔·盖茨，需要讲讲这一切发生的原因和背景，不过为了避免哗众取宠，我只谈媒体关注的内容以及他们二人公开的内容。

比尔·盖茨在他的商业生涯和慈善事业中表现出倾尽全力的工作道德，因此外人很容易忽视婚姻和家庭在他生活中的重要性。作为一名朴实无华的技术人员、一个强硬的商人，盖茨偶尔会被讽刺为一台机器，他的大脑里除了字节、流程、交易外，什么都没有，但事实并非如此。在本书前面的章节中，我们已经提到过盖茨的一些恋爱关系，尤其是他与梅琳达的漫长婚姻。然而在这里，我们将对这些关系进行稍微深入的挖掘。这些关系如同一个独特的棱镜，透过这个棱镜，我们看到的盖茨是一个更饱满的人物形象，尽管有时候这个形象是有些问题的。

在他最初的单身岁月里，盖茨的性格似乎不可否认地具有享乐主义的一面。詹姆斯·华莱士在他所著比尔·盖茨故事的第二部分中写道，年轻的盖茨喜欢狂欢聚会，包括请脱衣舞娘到他位于西雅图的家中，让她们在泳池里裸泳。华莱士认为这种行为是盖茨哈佛生活的延续。在哈佛求学期间，他去过所谓的“战区”，这是位于波士顿市的一个以性工作者、脱衣舞俱乐部和酗酒而闻名的区域。还有报道称，盖茨会与报道微软新闻的漂亮女记者搭讪。

无论这些说法背后的真相如何，盖茨还是有稳定的女朋友的。第一个是吉尔·贝内特（Jill Bennett），盖茨在 1983 年与她相识并开始约会。贝内特住在西雅图，是数字设备公司的销售代表，工作上的接触让她认识了盖茨。贝内特在接受采访时回忆说，可以肯定盖茨有“敏感的一面”和脆弱的一面，而这在他的商业往来中并没有明显地表现出来。与盖茨这种全身心致力于工作的人相处并不容易。贝内特解释说，盖茨的工作原则是“7 小时返岗”，也就是说，在 24 小时内他只允许自己从微软的工作中抽出 7 小时。贝内特甚至注意到，盖茨把车里的收音机拆除了，这样他就可以把开车的时间用于思考微软的事情，而不会被这个娱乐系统分散注意力。

可以理解的是，这个时期的盖茨不会轻易选择长期伴侣。不久之后，两人分手了，但他们彼此作为重要的朋友保持着密切的联系。贝内特从 1991 年开始与乳腺癌进行了长期斗争，她在癌症研究领域成为一名令人敬佩的活动家，展示出她性格的深度，她的工作包括负责 2003 年创建的玛丽·盖茨系列讲座（一个展示癌症研究并为癌症患者提供支持的论坛）。2014 年 7 月 14 日，贝内特不幸死于癌症。盖茨对她短暂而不寻常的一生表达了敬意："她是个了不起的人——有天赋，敬业，而且充满活力，她与癌症做斗争，是我所认识人当中最勇敢的。她从未屈服。她呼吁人们关注癌症问题并激励人们努力寻找治愈方法，实际上她从这项事业中汲取了力量。"盖茨在 20 世纪 80 年代的下一段重要恋情是与一个比他大 5 岁的女性展开的，她的名字叫安·温布莱德（Ann Winblad）。和盖茨一样，温布莱德也是个不可小觑的人物。2018 年，Morningfuture.com 网站发表的一篇文章是对她的评价之一，文章标题为《安·温布莱德：打造硅谷的女人》（*Ann Winblad: the woman who built Silicon Valley*）。温布莱德 1950 年出生于明尼苏达州，家世相对普通，但后来获得了数学与经济学荣誉学士学位，随后又获得了国际经济学硕士学位。她也是一个为计算机时代而生的人。26 岁时，她创立了一家名为开放系统公司（Open Systems Inc.）的软件开发公司，同时还与一家硬件公司建立了合作关系，为的是销售开放系统公司开发的软件。在数字革命早期，温布莱德是成功女性的典范。32 岁时她以 1500 万美元的价格出售了自己的公司。

温布莱德还曾在大型科技公司担任顾问，包括在 IBM 和微软，正是这份工作让她在 1984 年与盖茨相识并建立了联系。这两个计算机爱好者在感情上十分投缘，他们来自同一个世界，说着同样的语言。事实上，他们刚开始约会时，盖茨的帝国还在起步阶段。温布莱德在 2005 年接受《旧金山纪事报》（*San Francisco Chronicle*）采访时回忆说："我开始和比尔约会时，他还不是什么大人物。有一段时间，我的净资产比他还高，什么东西都是我买单。虽然和他在一起的时间很短，但却令人难忘。"温布莱德很清楚，尽管他们相遇时盖茨只有 28 岁，但他的雄心壮志是无限的。在接受《硅谷商业杂志》（*Silicon Valley Business Journal*）采访时，温布莱德回忆起当年二人曾浪漫地在海滩上散步，当时盖茨对她说：他预测微软未来的营收将超过 5 亿美元。要知道，那时候还没有一家软件公司的收入达到 1 亿美元，但这并不妨碍盖茨做出大胆预测。事实上，他关心的似乎只是怎样才能让他的营收超过 5 亿美元。

温布莱德让我们了解到盖茨性格中另类的一面。有一次，这对情侣去墨西哥度周末。因为当时正值春假，租车和预定高品质酒店都很难。为了能租到车，他们不得不接受一辆破旧的大众汽车。但盖茨没有征求温布莱德的意见，立即以每天 5 美元的价格将这辆车转租给一群青少年男孩，他告诉男孩们用完车之后敲敲他酒店房间的门，还回车钥匙。温布莱德告诉盖茨，她料想男孩们根本不会把车还回来，盖茨回答说:“你可能是对的。”不过，凌晨 2 点汽车被还了回来。这次旅行的另一件事是，盖茨的假期读物是一本 1100 页的分子生物学教科书。

温布莱德和盖茨交往了三年，二人于 1987 年 12 月分手。根据华莱士的说法，两人是在盖茨妹妹克里斯蒂的婚礼上分手的。据报道，其中一个原因是年龄渐大的温布莱德当时想成家了，而盖茨在他职业生涯的那个阶段还没有准备好这么做。不过，和贝内特一样，温布莱德与盖茨的关系以友谊的形式保留下来并且有所发展。事实上，据说盖茨在迎娶梅琳达·弗兰奇之前先请求了温布莱德同意，然后梅琳达·弗兰奇才成为盖茨的妻子。即使在他与梅琳达结婚后，盖茨每年都会与温布莱德相约度过一个漫长的友谊周末，可见盖茨与温布莱德的感情有多深，当然这事显然是征得过梅琳达同意的。

与温布莱德不同的是，梅琳达比盖茨小 9 岁。1964 年 8 月 15 日她出生于得克萨斯州的达拉斯市，全名梅琳达·安·弗兰奇（Melinda Ann French），是 4 个孩子中的一个。和盖茨一样，她非常聪明，是早期接触到计算机技术的人之一，十几岁时就在计算机科学和编程方面表现出天赋。在高等教育阶段，她于 1986 年获得杜克大学（Duke University）计算机科学与经济学学士学位，然后于 1987 年获得杜克大学福库商学院（Fuqua School of Business）的工商管理硕士学位。

如果说世上真有什么人最适合盖茨的话，那么这个人就是梅琳达。他们在微软结识，当时梅琳达被微软聘为多媒体产品的营销经理。1988 年，他们在纽约的一个贸易展览会上相识，并开始约会。大家都说，梅琳达那时候是（现在仍然是）一位聪明、优雅、自信、独立的女性，她很坚强，在微软的工作中也很有能力。根据华莱士的说法，他们恋情的最初几年"忽冷忽热"，梅琳达显然了解盖茨无节制的聚会。但经过几年的分分合合，两人的恋情从 1992 年开始加强并变得稳固了。此时，盖茨又成熟了几岁，甚至开始考虑结婚。他向已婚的朋友们请教稳定恋爱关系的建议，甚至还在华盛顿湖畔的新豪宅里建了个儿童区。此外，他也收到了父母关于成家的温和规劝。

1993 年，盖茨向梅琳达求婚，梅琳达接受了。此后她继续作为微软的一名经理勤奋工作，拒绝因为与老板的关系而接受任何特殊照顾。两人终于在 1994 年元旦结了婚，婚礼是在夏威夷拉奈岛（Lanai island）一个美丽的海滩上举行的。虽然婚礼和庆祝活动很奢华，有顶级嘉宾出席，也有很多人在纯白的沙滩上跳舞，但这场婚礼很重视保护隐私，盖茨夫妇的经纪人竭尽全力向狗仔队隐瞒婚礼日期。事实上，对隐私的坚持是他们婚姻的一个核心要素，因为他们想保护自己和孩子免受媒体的侵扰。这对夫妇生了三个孩子：两个女儿分别叫詹妮弗和菲比，儿子叫罗里。

于是，1994 年新年伊始，比尔·盖茨迎娶了自己真正爱慕的女人，内心充满喜悦。但这一年也发生了一件伤心事——盖茨的母亲于 6 月 10 日因癌症去世，年仅 64 岁。玛丽·盖茨的去世对盖茨来说是一个巨大的损失。在追悼会上，他的致辞简单而感人，描述了他与母亲的关系："我是玛丽·盖茨的儿子，她是一位杰出的女性。世上没有几个儿子成年后能像我这样为自己的母亲感到骄傲。"玛丽去世之前，曾寄给这对新人一封信，信中她亲切地告诫二人要肩负起责任："对那些被赋予很多的人，期望也很多。"

盖茨夫妇坚守了这个建议。作为比尔及梅琳达·盖茨基金会的管理者，这对夫妇监管了很多现代历史上最大的全球性慈善项目。虽然这对夫妇经常引起媒体的关注，有些评论尖酸刻薄，但他们从未背离自己坚守的慈善事业。

然而，在 2021 年，一件看似不可思议的事情发生了，比尔和梅琳达·盖茨宣布正在办理离婚，结束他们长达 30 多年的恋情。两人最终于 8 月 21 日离婚。这一次，保护隐私是难以实现的，因为媒体的报道实在太多了。有一个事实引起了公众的兴趣，那就是二人的离婚并不是心平气和的，有别于共同生活很长时间后的逐渐疏远。有报道称，盖茨与一名微软员工长期有染。一些记者扩大了搜索范围，将盖茨的离婚与 2020 年微软对上述事件的调查联系起来，并将其与盖茨最终决定退出微软董事会联系起来。盖茨的女发言人坚决否认了这一说法："大约 20 年前，盖茨有过一段婚外情，后来友好地结束了。比尔离开董事会的决定与这件事毫无关系。事实上，从几年前开始，他就表示有兴趣把更多时间用在慈善事业上。"

然而，盖茨却承认了这次婚内出轨。媒体还对盖茨提出了更多指责，称他多年来在微软、在比尔及梅琳达·盖茨基金会中都风流成性。

对于盖茨一家来说，这显然是一个痛苦的时期，尤其是因为媒体就此事大做文章。面对种种猜测，梅琳达·盖茨打破了保护个人隐私的传统，在哥伦比亚广播公司的早间新闻（CBS Mornings）节目中接受了盖尔·金（Gayle King）的电视采访。（到目前为止，油管网上这段采访的视频已被播放了 180 万次。）对于这段婚姻的结束，她详细而清晰地道出了其中的情感缘由。当被问及离婚的根本原因时，梅琳达回答说："这不是某个时刻的某个特定事件造成的，只是到了一个时间点，我意识到不健康的东西已经太多了，我无法相信我们曾经拥有的东西了。”金接着问梅琳达，关于盖茨在婚内“多次出轨”的报道是怎么回事。梅琳达恭敬地回答说：“您知道，我认为这些都是比尔需要回答的问题。”我们从这次采访中还能看出一点，那就是梅琳达对丈夫与杰弗里·爱泼斯坦（Jeffrey Epstein）的关系感到担忧。爱泼斯坦是一名臭名昭著的亿万富翁金融家，曾因诱拐儿童卖淫而被定罪，随后又受到更严重的联邦指控，涉嫌未成年人性交易。2019 年 8 月 10 日，他在狱中畏罪自杀。金问梅琳达，盖茨和爱泼斯坦的关系是否对她做出离婚的决定有影响，她回答说：“有。正如我刚才说过的那样，不只是因为某一件事，而是有很多事情我不喜欢，比如他曾与杰弗里·爱泼斯坦会面。这事我跟他说得很清楚。”有一次，梅琳达亲自会见了爱泼斯坦，离开时她觉得此人是“可憎的邪恶化身”。盖茨的女发言人布里吉特·阿诺德（Briditt Arnold）后来发表了以下声明：“比尔·盖茨对自己曾与爱泼斯坦会面感到后悔，并认识到自己这样做是因为误判。盖茨认识到，接受爱泼斯坦的慈善相关想法给了爱泼斯坦一个不应有的平台，违背了盖茨个人及其基金会的价值观。”虽然采访者一再试图让盖茨谈论婚姻破裂这个话题，但是他对此事总是三缄其口，这是可以理解的。但在一些采访中，他说的一些话透露了离婚的内在影响以及他在其中扮演的角色。例如，在 2022 年 5 月接受《今日秀》节目采访时，他说："离婚真的是一件令人悲伤的事。给我的家人带来那么多痛苦，我有责任。"当被直接问及他是否对婚姻不忠时，他闪烁其词，但很诚恳，他说："我当然犯过错误，我应该承担责任。我认为在这个问题上深入探讨细节没什么建设性意义，但是，是的，是我造成的痛苦，我对此感到非常难过。"到 2023 年 2 月接受来自英国广播公司（BBC）的阿莫尔·拉詹（Amol Rajan）的重要采访时，盖茨仍然很痛苦，但显然已经开始重新振作。拉詹问盖茨是否还在为离婚感到悲伤，盖茨回答说："梅琳达是一个了不起的人，所以很幸运我认识了她，很幸运我们结了婚。很幸运，她还在基金会工作。很幸运，我们养育了孩子，尽管现在他们长大了，对我们的需求不那么多了。你知道，虽然有一些遗憾，但我们正以非常积极的方式向前迈进。"盖茨一生始终保持着这种向前看的态度。撇开个人生活不谈，他一直以来利用自己的财富做善事，很少有其他亿万富翁能与之相比，而且没有迹象表明他会停止做人道主义工作。就像对待微软一样，对盖茨来说，世界本身已经成为一个紧迫的项目，一个他要从智力上和物质上发起的挑战。

BILL GATES

第六章
评价盖茨

分析比尔·盖茨不是一件容易的事。问题不在于缺乏原始资料，比尔·盖茨的生活被大量地记录下来，每一个公开场合都有成千上万的新闻、视频、书籍（本书也是其中之一）和数百万社交媒体帖子对其进行评论。的确，对其生活的记录数量之大，几乎无人能敌。

这些资料的受众各不相同。受众可能是公众，他们有着不同的视角，包括灵感、争议、见解、新闻。考虑到盖茨的职业生涯，受众也可能是技术爱好者，他们想通过一个重要的窗口了解计算机的过去，也想预见计算机的未来。有关盖茨的这些资料还吸引了大批商人和企业家，他们都希望盖茨的魔力能改变他们相对平庸的人生。

但从某种意义上说，从比尔·盖茨身上汲取人生经验比从其他知名企业家身上汲取要难得多。部分原因在于原始资料的数量太过庞大——正如许多历史学家所证明的那样，越接近现在，真相越复杂。这也是因为盖茨是一个非常注重隐私的人，或者至少是一个在媒体面前保持情绪克制的人。如果你观看对盖茨的采访，你会对他说话的方式印象深刻，他拒绝道出内心深处的想法和感受。如果他确实谈到了情感，那么他似乎很快就会转移到另一个话题。

为什么他不谈情感呢？我们要知道，盖茨出生于20世纪50年代，他们那一代人本能上远不如我们这一代人愿意坦白内心。但我们也产生了这样一种印象：对盖茨来说，感受并不重要，重要的是你做了什么，想了什么。从我们这本传记的叙述中可以感觉到，比尔·盖茨是一个非常务实而乐观的人，对世界的实际影响是他的指导方针。这条方针包括正视现实，就如何应对现实提出合理的想法，然后努力实现这些想法，同时保持乐观，深信行动就会带来改变。从某种意义上说，盖茨的人生证明了成功没有秘诀，只是提出想法和实施想法。

在这一章中，我们将深入挖掘比尔·盖茨的人生经验。他巨大的成就和惊人的智力，令人望而生畏。有时候盖茨被描绘成一个机器人，但事实上他并不是这样的，他其实是一个全面发展的人。他成功的背后是付出和回报。他为成功而奋斗，并在通往成功的道路上吸取了很多痛苦的教训。值得一提的是，盖茨向我们证明了成功其实就是找到一个明确目标和实现过程，并坚持下去。

数字智人

比尔·盖茨骨子里是一名技术爱好者。他的大部分职业生涯，甚至他的人道主义和慈善工作，都是由科学技术驱动的。作为现代大众化计算机的奠基人之一，盖茨透过数字棱镜来看待这个世界并不奇怪。在盖茨看来，如果你想在商业或任何对世界有广泛影响的事业中取得成功，你都必须理解并拥抱技术。

盖茨在《未来之路》这本书中首次提出了上述思想。但后来他写了一本目标更远大的书，书中提供了更多数据支撑，解释了他对商业与技术之间关系的理解。盖茨这本具有里程碑意义的商业著作于1999年出版，书名为《未来时速：数字神经系统与商务新思维》（*Business @ the Speed of Thought: Using a Digital Nervous System*）。这本书出版后迅速登上了《纽约时报》（*The New York Times*）畅销书排行榜。

这本书的出版正值全球计算机发展史上的一个独特时间点。当时互联网正在迅速发展，不仅在政府和商业领域中，在家庭生活中也能感受到它的存在，比如购物和娱乐。与此同时，计算机的性能也在飞速提高——在1990年至2000年，处理器的时钟速度提高了10倍。而且，随着计算机与现代生活的关系越来越密切，甚至变得不可或缺，它们也变得越来越便宜了，在发达国家的家庭和办公室里无处不在。1983 年，全球共有 1260 万台个人电脑。到 1990 年，这一数字已增至 1.01 亿台，1999 年增至 4.35 亿台。盖茨出版这本书后仅六年，个人电脑的数量就达到了 8.08 亿台。盖茨的书显然体现了时代精神。

《未来时速：数字神经系统与商务新思维》这本书的核心理念是盖茨所谓的“数字神经系统”（DNS）。这个术语可能并不是盖茨本人发明的，但对于科技行业的人来说，这个术语与盖茨的联系大过了其他任何人。这个术语是此前他在 1998 年微软第二届年度首席执行官峰会上提到过的：

> “数字神经系统”是个很有意思的术语。当然，这是个类比，是和你处理信息的生物神经系统做类比。你总是对最重要的事情保持警惕，而把不重要的信息屏蔽掉。公司其实需要做同样的事：把有价值的信息传递给需要了解该信息的人。

数字神经系统说的是信息的流动以及信息的使用和优化。该书第一章的开头一段态度坚决地阐述了信息处理的重要性：

> 我有一个简单而坚定的信念——让你的公司在竞

争中脱颖而出的最有效途径，你甩开众人的最好方法，就是利用信息出色地完成工作。你如何收集、管理和使用信息将决定你的输赢。竞争对手越来越多。关于这些竞争对手和全球市场的信息也越来越多。赢家将是那些开发出顶级数字神经系统的公司，这样信息就可以很容易地在它们的公司里流动，从而让信息得到最大限度的持续利用。

在这个加速发展的世界里，信息就像油箱里的燃料。盖茨认为，人们对信息流的控制程度可能决定其在当今时代能否成功。要想开发和利用数字神经系统，需要在态度上做一些调整。该书第一章的标题是“用事实的力量管理”，接下来他解释了这个标题。第一，不要根据欲望、干劲、雄心或激情来谋划你的企业。虽然这些品质对于企业的运营都是至关重要的，但如果构想不从实际出发，它就不会产生力量。第二，信息是了解实际的最佳途径，这一点是以第一点为基础的。只有高质量的信息进入企业并在企业中流动时，才能正确决策，抓住优势，精准地为市场设计产品。

根据盖茨的说法，管理信息的最佳方式是充分利用数字潜力。《未来时速：数字神经系统与商务新思维》是一本长篇巨著，精装本近 500 页厚，所以这里没有足够的篇幅列出所有内容，不过我们可以归纳一下其中的要点。

在这本书的前言中，盖茨给出了一个很有用的长达两页的清单。清单列出了“12个关键步骤”，其目的是“让数字信息流成为公司的内在组成部分”。这12个步骤可划分为三个业务系统——知识工作、经营活动、商贸活动。这些步骤共同解释了如何将缓慢、过时的模拟流程转变为快速的数字数据管理，如何省去浪费时间、影响创新的任务，同时提高交易速度和满足客户需求的能力。通过转换为数字化流程，可以将三个业务系统连接起来，形成数字神经系统。接下来，该书的正文部分深入探讨了数字神经系统到底是个什么样子，以及如何构建和实现它。一个贯穿全书的主题是：企业运营必须基于充分的智能，从而获得有关市场状况的深入信息并拥有做出明智决策和创新性飞跃的个人和组织头脑。

如果我们想从《未来时速：数字神经系统与商务新思维》这本书中寻找对职业和个人有用的经验，这本书的第三部分——“提高战略思维的管理知识”可能是最有用的。这部分又分六章，共同形成了一个很有说服力的框架，相当于提出了“比尔·盖茨方法”。下面介绍一下这六章的内容：

第10章　坏消息传得快

在这个日新月异、技术变革的世界里，公司随时面临迅速落伍的可能。为了避免这种情况的发生，第一步就是，整个组织必须通过优化的数字神经系统及时发现坏消息（即外部业务威胁），迅速分享并勇敢地讨论这个坏消息。更“扁平”的企业层级制度有助于实现这一点，这种制度鼓励公开讨论，并且奖励“有价值的失败”。不过我们也注意到，虽然微软在成立之初确实可以说具有“更扁平的层级制度”，但盖茨不能容忍错误和思维迟钝，这种风格并不一定会促进信息自由流动，下级可能不会畅所欲言。生产牛郎星的那家公司的老板爱德华·罗伯茨认为，人们不再邀请盖茨参加会议是因为“和他打交道太难”。但大家也注意到，当盖茨发现自己错了的时候，他勇于承认错误。事实上，那些站出来反对他的人会赢得他的尊重。史蒂夫·伍德曾评论比尔·盖茨说：“比尔做事并不独断专行，他很务实。他可能在争论一个问题时非常能言善辩，一两天后他会说他错了，让我们继续按自己的方式做。他有干劲，有能力，有取得巨大成功的企业家精神，却不自大，像他这样的人没几个。这是一种罕见的特质。”

第 11 章　将坏消息转化为好消息

在这一章中，盖茨鼓励他的读者真诚地以客户为中心，包括对负面反馈持开放的态度，这些反馈是通过数字神经系统的信息流收集而来。关键的一点是要从“坏消息”中和

“不满意的客户”身上吸取真正有用的教训，用这些收集和分析而来的教训改变公司的策略和产品。当然，如果我们回顾20世纪80年代和90年代的盖茨，他绝对是以客户为中心的，为了给客户提供最诱人、最亲民的产品，他会无情地打压竞争对手。

第12章 理解你的数字

数字神经系统应该持续捕捉并分析所有关键业务数据，然后重新利用些数据。每项核心业务决策，从成本控制、盈亏到营销，都应该由这些数据驱动。盖茨说了一句特别有趣的话：“写在纸上的数字是死路一条。数字形式的数字开启了有意义的思想和行动。”盖茨当时热衷于将“所有的纸质流程都转换为数字流程”。例如，20世纪80年代，他对电子邮件的热情几乎是无限的。事实上，这种热情已经快要出问题了，因为大家都知道盖茨会在凌晨时分给员工发大量电子邮件，这些邮件的语气往往是强硬的。员工们一上班就被这些电子邮件问候，他们觉得自己上班已经够早的了。据称，盖茨还利用微软的电子邮件系统监控员工收发电子邮件的时间和日期（包括周末），以此跟踪他们工作的努力程度。

第 13 章　让人类去做需要思考的工作

正如我们所看到的，盖茨提倡使用软件和计算机来改进数据收集和整理。通过这样做，数字神经系统也为员工省出时间，让他们去做人类最擅长的工作，专注于决策、客户支持、营销、交付等技能。虽然盖茨无疑是一个技术爱好者，但这并没有让他忽视这样一个事实，即人类的能力范围远超计算机。

第 14 章　提高你的企业智商

在这一章中，盖茨解释了公司促进知识共享和不断提升组织智力能力的重要性。他认为，一个团队一旦共享了某个领域的知识，这个团队就会像干劲十足的一个人一样去做事，目标一致，重点一致。因此，为了培养员工的学习和自我提升精神，应该让他们随时获得学习资源，数字神经系统可以作为整理和传递知识的途径。

第 15 章　大胜利需要冒大风险

这一章的标题不言自明。说到比尔·盖茨，有一件事是可以肯定的，那就是他在整个职业生涯中始终把目标定得很高，绝不受自我限制的思维模式影响。这种承担重大风险的意愿很大程度上源于他高度的自信，但在《未来时速：数字神经系统与商务新思维》一书中，他将冒险与数字神经系统的能力联系起来。在他看来，实现重大突破的“唯一最佳途径”是通过从数据源和数据分析中获得的有用信息来规避风险。

盖茨认为，有效的商业活动应该将数字基础设施和人类智能完美结合起来。在理想状态下，二者是相辅相成的，数字基础设施为人类提供信息流和适应教育，然后人类再将数字知识运用于合理决策。盖茨也以工程师和程序员的眼光从多个角度观察商务的各个方面。盖茨本质上是一个理性主义者，他呼吁全世界采用数字神经系统来弥补人类的局限性，最大限度地发挥人类的优势。考虑到微软 21 世纪初的历史，批评者可能会说，盖茨有时候是说一套做一套。此外，数字神经系统并不总是有助于成功——在数量方面，数据可能会过载，会带来混乱而不是启发。但在我们这个时代，随着人工智能对人类事务的影响力越来越大，智能的数字神经系统有着空前的重要性。

盖茨的组织思维本质上是社会性的——他认识到，在商业中，没有人是一座孤岛。他一直高度重视高智商人群之间富有成效的人际交往，这一点在微软的人事策略上有所反映。微软非常重视聘用有活力、有创意的人，同时也非常重视聘用拥有顶级技术技能的人，在微软成长的年代尤其如此。在1993年的一次采访中，盖茨解释说："对我们来说，最重要的一点是，一直聘用非常聪明的人。"在挑选编写软件人员这个问题上，盖茨信奉的是纯粹的知识精英主义。事实上，他甚至说95%的人不应该从事软件编程工作——配得上这个角色的人凤毛麟角。在这个招聘原则的基础上，盖茨还提到软件开发成功的另一个关键因素是使用小团队，为他们提供"优秀的工具"，这样他们就可以高效工作。这些团队具有高度的独立性。盖茨坚持认为，他的这些团队明白"他们可以做些什么来改变设计"，这样每个人都觉得自己"完全控制"了流程和方向。但盖茨不会让大家即兴自由发挥。他解释说，还应该包括"多人读代码"的流程，以避免出现一种情况，即某个人"隐瞒了他们无法解决问题的事实"。每一个流程，每一行代码，都应该放在聚光灯下，让错误或草率的想法无处遁形。

也是在1993年的这次采访中盖茨说，开发软件时，"你应该将全部思维用于源代码本身，而非任何别的事物"。这句话中有一种禅意般的神秘主义，即程序员应该专注于代码，把其他一切抛诸脑后。程序员的工作是实用主义和创造力的融合。计算机代码是脱离不了现实的，因为它要么正常运行，要么不正常运行。不过一个优秀程序员的工作还是有一定艺术性的，他会努力在代码中追求简约之美。程序员真正产出的是代码，而不是抽象的方法论。大体上，盖茨是在敦促我们确定最重要的事是什么并着手去做。

成功典范

1984 年接受美国全国广播公司财经频道（Consumer News and Business Channel，CNBC）采访时，比尔·盖茨对自己的才华和成功似乎十分满意。采访中他表现得泰然自若，很是从容。记者简·保利探究了盖茨自信外表的背后原因。她问这位年轻的企业家是否最终会给别人打工。盖茨回答说："我从未给别人打过工，我习惯了在这样一家公司工作，在那里我的想法可以很容易地实现。所以我认为给别人打工将是一个艰难的转变。"盖茨显然很享受领导者的感觉。当简·保利提到人们都称盖茨为"天才"时，现场出现了一个心理上很有趣的时刻。简·保利本以为盖茨会谦虚地表示不同意，但事实上盖茨并没有那样做。对此简·保利评论道："我看这话一点也没让您感到不好意思啊。"她接着问盖茨除了在计算机领域的卓越才能，他是否真的是一个"商业天才"。盖茨回答说："嗯，我不会说我是'天才'。我喜欢和大家一起工作，谈论我们要完成的任务，这真的让我激动，我会确保周密安排，合理权衡。我真正在领导这个公司……这真令人兴奋。”

从盖茨的回答中，我们可以清楚地看出，他既有很强的进取心，又有深刻分析的能力。盖茨不是个机器人一样的呆子，而是一个真正充满激情和干劲的人。

简·保利问盖茨是否担心这样努力会导致自己疲惫不堪，盖茨给出了明确的回答：“不会。我们所做的工作……并不是整天都在做同样的事情。我们走进办公室，构思新的项目，我们聚在一起开会，我们走出去与终端用户们见面，我们和客户们交谈。我们的工作内容很丰富，总是有新的事情发生。我不认为有一天我会感到无聊。”尽管相对而言这次采访发生在比尔·盖茨职业生涯的早期，但盖茨在这次采访中展现的思想和激情一直持续到今天。对于想从他身上汲取经验的人来说，很容易从这次采访中挖掘出一些宝贵的东西。盖茨的毅力和无与伦比的工作道德是靠强烈的动机支撑的，这种获得成功的动机每天都在更新。但他也指出，日常工作经历也可以燃起动机的火焰。例如，他强调工作生活多样化的益处，员工经常转换工作任务就不会觉得工作“无聊”——他似乎将倦怠与长时间机械重复的工作联系起来。他还重视人与人之间的互动，既包括公司内的互动也包括公司外与客户的互动，他把人与人之间的互动看作一种在较高层次上活跃思维和激发兴趣的方法。如果这里有什么值得提炼的信息的话，那可能就是：要想有工作热情，我们需要以一种充满活力的方式去对待工作，让每天的变化激发我们的动机。

在个人层面上看，智力对盖茨的成功是至关重要的。他的名声很大程度上来自他非凡的智力。许多接触过他的人都承认，他通常是房间里最聪明的人，而且长期如此。他智力非凡肯定有强大的遗传因素，但盖茨对学习的热爱也是一个重要因素。微软前营销总监迈克·斯莱德（Mike Slade）描述了盖茨令人敬畏的求知欲以及他令人羡慕的信息保留能力：

> 他热爱学习，我这辈子没见过像他这样好学的人。他不会只读一本书。比如，他可能同时读关于一个主题的五本书，其中大部分都太深奥，普通人根本读不懂。他的阅读速度很快，概括能力也很强。最令人惊奇的是，他几乎总是比和他谈话的人知道得更多。这是令人难以置信的。

盖茨的朋友伯尼·诺伊（Bernie Noe）注意到，他们外出度假时，盖茨以每小时 150 页的速度阅读了大约 14 本书，并且记住了书中 90% 的内容。诺伊承认“这有点不寻常”。

显然，盖茨身上体现了“领导者都是读者”这句话。对他来说，勤于阅读是一种持续赋能的行为。盖茨把阅读内容丰富、文笔优美、论据充分的书籍比作拥有众多高水平的私人导师，阅读让整个世界的信息和思想触手可及。然而，拥有书本身并没有什么意义——盖茨强烈建议我们要真正花时间去阅读、消化和理解这些书。在一次采访中他解释了自己的一些阅读原则：“我不会让自己开始看一本我不想看完的书……如果你正在读这类书（指费时费力的非小说类作品），那么你应该坐下来一次读至少一个小时，要让自己的思维围绕着这本书转。读这类书不是这里读五分钟那里读十分钟就能做到的事。你可以用碎片时间读杂志文章，看油管网视频。所以我会在每天晚上读一个多小时的书。”在认真读书的这一个小时里，盖茨不是一个被动的读者。他认为书是活生生的东西，需要有主动阅读策略。做笔记是他采用的阅读方法之一，尽管这显然要耗费精力和时间，他说：“阅读时，你必须注意自己有没有集中注意力，尤其是读非小说类书籍时。你要接受新知识并把它与你已有的知识联系起来。对我来说，做笔记可以确保我认真地思考书里的内容。如果我不赞同一本书里的内容，有时我会花很长时间才能读完这本书，因为我在页边空白处写了很多东西。这实际上有点令人沮丧，我会想——哎呀，请说些我赞同的话吧，这样我就可以看完这本书了。”

有趣的是，虽然盖茨迷恋数字信息，他却说他喜欢读传统的纸质书和文章，不过在他的各种设备上都有一个完整的电子文献库。他从个人偏好的角度解释了这一点，但他这种偏好的背后有现代科学的支撑——最近关于阅读行为的研究已经证明：与阅读电子文本相比，阅读纸质书在注意力集中和信息保留方面具有显著的优势。纸质书作为一个实在的物体，有维度、有边界，其文本被分割成页面，这就为信息的定位和理解提供了一个物理框架，而电子书的内容是自由流动的，没有了这种物理框架。

对于智力开发，盖茨明确建议专心阅读。他加快学习的一个独特做法是每年两次让自己进入“思考周”。一个思考周包括七天时间，在这段时间里，盖茨会把自己带到一个偏远的地方，通常是一个几乎没有网络的乡村小木屋。在那里，他有了获取新知识的空间和时间，每天如饥似渴不间断地阅读一个重要主题，在大脑中反复思考这个主题。他还利用这个机会考虑未来的发展方向。

请注意，这不是一个休闲阅读的假期——盖茨每天可能花 18 个小时阅读有难度的新内容。但“思考周”对他的职业生涯有着重要影响。盖茨 1995 年发布了内部备忘录《互联网浪潮》，授权开发 IE 浏览器，而这个备忘录本身就是“思考周”的成果。《华尔街日报》的一篇报道称，“思考周”的其他成果包括计划开发微软平板电脑、提高软件应用程序的安全性，以及开发在线视频游戏。

盖茨可以说是终身学习的代表性人物。他在感兴趣的新领域不停地获取知识，通常会又将获得的新知识运用到他的实际工作中。不足为奇的是，盖茨非常重视教育，经常通过参加课程来充实自己。但对盖茨来说，教育不需要那么正式，只要是有目标、有条理的教育即可。为求知而求知，或者更糟的是，纯粹为了提高社会地位而求知，都是愚蠢的。教育产出的最佳形式是将知识用于解决有社会意义的重大问题。2007 年，盖茨回到了他辍学的母校，在哈佛大学毕业典礼上发表演讲，知识与责任相伴的信念在这次演讲中得到了体现。他劝告在场的年轻人找到一个关注点并坚持下去，有所作为，此时他的演讲达到了一个振奋人心的高潮。演讲稿部分内容如下：

> 我希望在座的每一位毕业生都能顺应时代潮流，选定一个问题，一个复杂的问题，一个深刻的不平等问题，并成为这方面的专家。如果你把这个问题作为职业生涯的关注点，那是非常好的。但你不必为了产生影响力而这样做。你可以每周花几个小时，利用日益强大的互联网来了解情况，找到志同道合的人，了解困难并发现克服困难的方法。不要被问题的复杂性

吓退，要成为活动家。去解决严重的不平等问题吧！我确信这将是你们人生中最伟大的经历之一。

你们这些毕业生正赶上一个美好的时代。你们离开哈佛的时候，拥有的技术是当年我们班同学不曾拥有的。你们意识到了全球的不平等，而我们当年没有认识到这一点。有了这种认识，你可能也会产生知情者的内疚。你本可以用适度的努力来改变人们的生活，但如果你放弃，你就会受到内疚的折磨。你们比我们拥有的东西更多，你们一定要开始得更早，坚持得更久。

我希望 30 年后你们还会回到哈佛，回顾你们用自己的才能和精力所做的一切。

我希望你们在评价自己时，不仅要看你们的专业成就，还要看你们在解决世界上最严重的不平等问题方面做得有多好，要看你如何善待地球另一端的人们，他们与你除了人性没有任何共同点。

祝你们好运。

“不要被问题的复杂性吓退。”回顾微软令人生畏的曲折历史，盖茨显然意识到，我们大多数人如能提前看到未来的曲折，可能都会退却，从而放弃我们最重要的事业。你可以直接投入手头的项目中去，化繁为简，最终会有一种清晰可控的感觉。在演讲中，盖茨显然认识到实现生命潜能的责任感，尤其是因为未来的自己最终会回顾并评判过去的自己。

盖茨还提倡我们在检查自己的表现时保持实事求是的态度。我们已经在数字神经系统工作中看到了这一原则。在数字神经系统中，电脑化提供了数据和信息，如果没有这些数据和信息，我们的思维就会与实际脱节。在接受彭博社（Bloomberg）采访时，盖茨以他在国际疾病控制方面的工作为例，详细阐述了自我评估的理念：

> 我觉得对我做很多事情都有帮助的素质是科学框架下的评估，我会问大家："有人能处理这个问题吗？最佳做法是什么？我们有这方面的数据吗？"我们每个人都应该评估一下自己正在做的事，这样我们就会努力做到最好。对我们来说，这就像给所有孩子接种疫苗一样。一些非常贫穷的国家在这件事上做得非常好，因为它们深入地方层面开展评估活动。它们确保库存充足，确保工人到岗。所以，我总是在研究如何更好地开展评估并利用评估来推动最佳做法。

盖茨这段话让我想起了《未来时速：数字神经系统与商务新思维》这本中的"掌握数字"这个主题。仅仅是希望某事发生并不能使它真的发生或者说获得成功。在盖茨的世界观中，企业和个人必须不断地对自己的想法进行背景调查，要证明这些想法与现实世界有着真实的或可量化的联系。

不管是什么好主意，即使是基于堆积如山的验证数据之上的好主意，如果没有辛勤工作，也很难实现。惊人的工作道德是盖茨获得成功的一个关键因素。他在微软坚持不懈地投入大量时间。在马拉松式的编程工作后，公司其他员工经常发现他倒在桌子底下，睡得像个孩子。正常的日间休息和休息日多年来一直令盖茨深恶痛绝，他希望这些都没有。他这样的投入带来了卓越的生产力。然而，盖茨会把自己的工作习惯强加给别人，并期望别人和自己一样痴迷于劳动，不过他后来认识到这样做是有问题的。例如，盖茨早年在微软的时候，他会记住停车场里所有员工的车牌号，这样他就能监督谁在岗谁不在岗。因此，微软员工一直承受着超时工作的压力——有些人甚至会睡在办公室里，以确保老板来上班时能看到他们的车。盖茨后来在接受 BBC《荒岛唱片》（*Desert Island Discs*）节目采访时承认，随着时间的推移，他有了更多看问题的视角，他说："最终，随着公司发展到一定规模，我也不得不放松下来。"

坦率地说，盖茨这种可怕的工作时长在超级成功企业家中并不少见。长时间高效工作的能力是历史上成就卓著者的

很少有企业家能像比尔·盖茨那样在历史、社会和政治上产生如此大的影响。这是2008年1月在柏林的一次招待会上的照片，他站在德国总理默克尔旁边。

共同特征，难能可贵的是，盖茨能够在每周80多个小时的工作中保持理性和自我克制。在一些采访中，盖茨承认自己热衷于工作，但近年来，他也承认随着时间的推移，他的动机发生了变化。2010年6月2日，盖茨在纽约参加了一次特别有趣的访谈节目，和他一起参加访谈的人不是别人，正是他的父亲老盖茨。他们的谈话一度围绕着加拿大记者、作家马尔科姆·格拉德威尔（Malcolm Gladwell）的观点展开。格拉德威尔提出的一个观点是：做任何事都需要大约1万个小时的练习才能成为专家。格拉德威尔在2008年出版的《异数：

超凡与平凡的界线在哪里？》（*Outliers: The Story of Success*）一书中提出了这一观点，该书还包括一些对盖茨的采访。同时，格拉德威尔认为，成功很大程度上也和幸运时机有关。后来盖茨微调了自己的观点，他承认自己的成就离不开运气和历史时机，也认为这是一种统计上的幸存者偏差：

> 格拉德威尔的那本书提出了很多好的观点，比如，在所有的成功故事中幸运和时机都是重要因素。我不是唯一出生于 1953 年到 1955 年之间的孩子。但是，在微处理器刚刚发明的年代，我绝对是年轻而思想开明的那个……如果有人读了那本书以后说，只要你肯花 1 万个小时做一件事就会做得非常出色，我认为事情并没有那么简单。当做到大约 50 个小时的时候，就会有 90% 左右的人中途退出，因为他们不喜欢做这件事或者不擅长。你知道，你再做 50 个小时，剩下的人中又会有 90% 左右的人退出。所以，存在这种持续的周期。你必须足够幸运，但也要足够狂热才能坚持下去。所以能坚持到 1 万个小时的人不仅仅是做这件事做了 1 万个小时的人，他们是在很多不同的时代做选择和被选择的人。所以，那时候这些神奇的事情都汇聚在了一起，包括我当时认识的人。我认为，结识的

> 人，这一点是非常重要的。当你遇到优秀的人时，你会想:“我能做得像他们那样优秀吗?”他们经历了很多个周期，这一点你可能不知道。是的，你可以，但你要运气好，有想象力，还要有一些天赋。

对于如何获得成功，盖茨的观点典型地融合了他谨慎的乐观主义和务实的现实主义。要想在任何事业上达到一个崇高的最终目标，除非你有彩票中奖的运气，否则你需要“狂热”的毅力，经历无数考验和挑战的周期。成功就像一场选拔精英的耐力比赛，每个比赛阶段都很苛刻，都会淘汰那些不适合继续比赛的人，直到只剩下少数赢家越过终点线。但是这些坚持下来的人都会获得回报。

对于那些想在成功之路上找个导师的人来说，比尔·盖茨并不是一个容易参照的榜样。他也没有给出一个适用于复杂世界的简单公式。他的商业生涯跨越了成千上万的障碍，有大的也有小的，有人为的也有非人为的，有数字的也有模拟的，这些障碍散落在他的人生道路上。盖茨的成功秘诀（如果称之为秘诀不太夸张的话）其实很简单——他对手头的问题持续施加智能压力，循序渐进地、反复地采取行动，这就使成功的可能性得以最大化，但并不保证能成功。

BILL GATES 尾声

在《未来时速：数字神经系统与商务新思维》一书的结尾处，比尔·盖茨归纳了他对未来的设想。他预见到未来几年会有很多发展和成功的巨大机会，同时也预见到不谨慎、行动迟缓或自满的公司将面临无情的威胁。该书结尾处还包含了一个从多方面触及盖茨人格核心的总体陈述："我是一个乐观主义者。我相信进步。我宁愿活在当今时代，也不愿活在历史上的任何时代——这不仅是因为在更早的时代我的技能不会像现在这样有价值，或者我可能会成为某些野兽的大餐。工业时代的工具扩展了我们的肌肉能力。数字时代的工具扩展了我们的思维能力。我更要为我的孩子们感到高兴，他们将在这个新世界长大成人。"考虑到我们的星球自 1999 年以来所面临的一些问题，盖茨这种积极心态可能更像是一种历史的天真。随着时间的推移，数字世界的一些荣光已然褪去，现在人们非常担心不受约束的互联网自由对心理健康、全球安全、信息、隐私和政治的影响。

但比尔·盖茨与我们大多数人不同。他通过自己和团队的工作，亲自成功地策划了一场全球变革。他知道，如果你运用好你的头脑和资源，你就可以完成伟大的工作，取得伟大的成果。如果一场变革是不可能实现的，那么乐观就是不合理的。盖茨知道这场变革从各个层面上看都是可能实现的。

当然，盖茨的乐观情绪似乎经久不衰。2008 年，在他出版《未来时速：数字神经系统与商务新思维》近十年后，盖茨在世界经济论坛上重申了他乐观的立场。

> 首先，我想表达一个有些人并不认同的观点：世界正在变得越来越好，好很多。从重大而深远的方面看，现在的世界是一个比以往任何时候都更美好的居住地。想想妇女和少数民族在社会中的地位——实际上比过去任何时候的任何社会都要高。想想在过去的 100 年里，人类的预期寿命几乎翻了一番。想想统治方式，与过去任何时候相比，现在参与选举投票、表达意见、享受经济自由的人数更多了。在许多关键领域，世界正变得越来越好。科学、技术和医学的进步引发了这些改善，把我们带到了人类幸福一个新层次。我们正处于这场技术驱动的革命的开端，人们可以为彼此做些什么。在未来的几十年里，我们将拥有惊人的新能力：更好的软件、更好的疾病诊断、更好的医

疗、更好的教育、更好的机会，以及更多的聪明人，他们能想出解决难题的好主意。这就是我看待世界的方式，应该也能证明一点：我是一个乐观主义者。

但我是一个着急的乐观主义者。世界正变得越来越好，但变好的速度还不够快，而且并不是对每个人来说都越来越好了。

“着急的乐观主义者”，盖茨这种说法完美地表达了他对现状的不满足，他相信自己可以让情况变得更好。我们能感觉到离婚这件事让盖茨很受伤，但即使在他离婚之后，他仍然保持面向未来的姿态，积极寻求能带来变革的方法，乐观前行。

有什么事情，尤其是在科技方面，曾经动摇了比尔·盖茨的乐观吗？早在 1993 年，盖茨就对人工智能新的可能性进行了反思，他解释说：“如果你看得足够远，你会发现计算机终将学会像人类一样进行推理。”他承认，这“有点可怕”。

他不仅预言了现在已经产生深远影响的大型语言模型（Large Language Models，LLM），而且还预言了“通用人工智能”（Artificial General Intelligence，AGI）。通用人工智能最近引起了埃隆·马斯克和史蒂夫·沃兹尼亚克等人的关注，他们呼吁将人工智能的开发暂停 6 个月。更有甚者，机器学习专家埃利泽·尤德考斯基（Eliezer Yudkowsky）建议我们应该关闭主要的人工智能服务器，并把那些没有关闭的服务器炸掉，因为超级人工智能的崛起给人类带来了风险。尤德考斯基非常明确地指出："在目前的条件下建造超越人类智能的人工智能，最有可能导致的结果是地球人的灭亡。"如今的比尔·盖茨当然对人工智能的好处没那么有信心了。当美国广播公司（ABC）新闻频道的丽贝卡·贾维斯（Rebecca Jarvis）问他是否害怕人工智能时，他回答说："我们都害怕一个坏人会利用人工智能。假如坏人比好人抢先一步，那么，像网络攻击这样的事情就可能由人工智能来做了。"但盖茨并没有说应该暂停人工智能研究，他说："如果你让好人暂停，却没有让其他所有人暂停，那么你可能正在伤害自己。你肯定希望好人拥有强大的人工智能。"盖茨对政府限制技术进步这种做法的抵制，让我们想起了他在 20 世纪 90 年代和 21 世纪初对遏制和分拆微软企图的反抗。对盖茨来说，技术进化就像水一样源源不断、不可阻挡，重要的是"好人"要赢。

在奈飞共分三集的纪录片《走进比尔：解码比尔·盖茨》中，对于"什么让你害怕？"这个问题，盖茨给出了一个更亲切的答案。被问及这个问题时，盖茨停下来思考了一下才回答，然后解释说他最担心的是他的大脑会"停止工作"。不管比尔·盖茨从数字设备中获得了多少帮助，最终让他取得成功的还是他脑袋里的那台超级计算机。如今他已年过六旬，急于做成一些事情，这可能是因为他认识到人的时间和机会不是无限的。

2023 年 2 月 3 日 BBC 发布了阿莫尔 · 拉詹（Amol Rajan）对盖茨的一次采访。拉詹问了盖茨一个我们肯定都很感兴趣的问题。拉詹说瑞典环保活动家格蕾塔 · 通贝里（Greta Thunberg）认为她的阿斯伯格综合征是她的“超能力”，然后问盖茨是否觉得自己也拥有一种超能力。盖茨回答说：“你知道，我觉得我是个学生，我有好奇心……我的集中注意力的能力非常强，年轻的时候，这种能力强得出奇。你知道，这是为了背东西，也为了测试自己的头脑。这就使科学和数学变得非常有趣。然后我接触到了软件，我能够全神贯注于其中。所以我认为我是个好学生。”阿莫尔又进一步逼问盖茨是否“有一种专注于手头工作的非凡能力”，盖茨只是简单地回答“是的”。阿莫尔接着问盖茨是否有某种“盖茨比情结”，这是弗朗西斯 · 斯科特 · 菲茨杰拉德（F. Scott Fitzgerald）的小说《了不起的盖茨比》（*The Great Gatsby*）中那个超级富豪主人公。盖茨回答说他家书房里摆着盖茨比的一段话：“他的梦想一定近在眼前，他几乎不可能抓不住。”阿莫尔问盖茨是否实现了他的（美国）梦，盖茨回答说：“我当然觉得我已经实现了我的大部分目标。剩下的目标也够我忙的，但你知道，我非常幸运。我有我的微软，我有很棒的孩子，我有我的基金会事业，我很健康，我有很好的朋友。你知道，我是世界上最幸运的人。”无论盖茨在现代人类历史上的地位有多高，他最终意识到了自己是一个幸运的人。